創見文化，智慧的銳眼
www.book4u.com.tw　　www.silkbook.com

超級業務員的 完勝 攻防心法

SHOW YOUR DEFENSE AND COMPETITIVENESS IN SALES

王擎天——著

國家圖書館出版品預行編目資料

超級業務員的完勝攻防心法 / 王擎天 著.. -- 初版. --
新北市：創見文化出版, 采舍國際有限公司發行,
2017.06　面；公分--（成功良品；99）
ISBN 978-986-271-765-3（平裝）

1.銷售　2.職場成功法

496.5　　　　　　　　　　　　　　106005635

成功良品 99

超級業務員的完勝攻防心法

創見文化 · 智慧的銳眼

出版者／創見文化
作者／王擎天
總編輯／歐綾纖
主編／蔡靜怡
文字編輯／牛菁　　　　　　　　　美術設計／蔡瑪麗

本書採減碳印製流程
並使用優質中性紙
（Acid & Alkali Free）
通過綠色印刷認證，
最符環保要求。

郵撥帳號／50017206 采舍國際有限公司（郵撥購買，請另付一成郵資）
台灣出版中心／新北市中和區中山路2段366巷10號10樓
電話／（02）2248-7896　　　　　　傳真／（02）2248-7758
ISBN／978-986-271-765-3
出版日期／2017年6月

全球華文市場總代理／采舍國際有限公司
地址／新北市中和區中山路2段366巷10號3樓
電話／（02）8245-8786　　　　　　傳真／（02）8245-8718

全系列書系特約展示門市
新絲路網路書店
地址／新北市中和區中山路2段366巷10號10樓
電話／（02）8245-9896
網址／www.silkbook.com

創見文化 **facebook** https://www.facebook.com/successbooks

本書於兩岸之行銷（營銷）活動悉由采舍國際公司圖書行銷部規畫執行。

線上總代理 ■ 全球華文聯合出版平台 www.book4u.com.tw
主題討論區 ■ http://www.silkbook.com/bookclub　　　● 新絲路讀書會
紙本書平台 ■ http://www.silkbook.com　　　　　　　● 新絲路網路書店
電子書平台 ■ http://www.book4u.com.tw　　　　　　● 華文電子書中心

B 華文自資出版平台　　**全球最大的華文自費出版集團**
www.book4u.com.tw　　專業客製化自助出版‧發行通路全國最強！
elsa@mail.book4u.com.tw
iris@mail.book4u.com.tw

成就你的業務之道

在閱讀此書前，請先問問自己：「你已經是業務員了嗎？」如果是的話，你的銷售成績是否理想，對於客戶的心理你有確實掌握嗎？或許你的成績不盡理想，但你可以藉由閱讀本書，調整你的心態與客戶相處的模式，重新出發，挽救你的慘淡業績；若你還不是業務，那麼恭喜你，讀完本書你將成為一位超級業務員。

或許你會認為，業務員是一個與人打交道的工作，僅僅是要付出時間與客戶幾番談判周旋，順利取得訂單便是達成任務。但實則不然，一個成功的業務員要有專業的技能和良好的修養，需要刻苦耐勞的學習，每天風塵僕僕進行拜訪工作更是必然。且成交前跟成交後，你的業務工作都沒有結束，畢竟你的業務生涯不可能只需要一張訂單，未來你還有機會從同一位客戶身上得到更多的訂單，讓你創造出更亮眼的成績。

所以，若你想要成為一個成功的業務員，在成交前你不僅僅要積極拜訪客戶，成交後也要與客戶保持聯繫，做好售後服務，與客戶打好關係，這樣不管未來是哪一方有所需要，都能夠有良好的關係能夠合作配合。

而作為一位業務員，在成交前，你必須把自己定位為專業人士，因為專業人士比其他人更清楚自己在做什麼。在第一次與客戶洽談之前一定要瞭解客戶的觀點，清楚他的購買動機和可能拒絕的原因。銷售中你要記

得一個簡單道理：你要讓客戶覺得他們所做的選擇，對他們或是公司來有絕對利益跟意義，你才能從客戶那裡取得完美的合作。所以，聰明的業務員會透過各種不同的方式，去瞭解客戶的實際狀況及所需所想，從客戶的觀點出發去分析問題，達到成交的可能性。

很多時候，你自認為很充足的準備，但客戶對你、產品或是你的公司就是不感興趣。出現這種情況，你可千萬不能被擊倒，可能並不是他們不需要產品，而是他們不清楚購買產品的利益究竟是什麼。這時，你應該好好分析客戶的實際情況和想法，進而揭示他的需求和利益，比如降低成本，提高產品品質，加快服務速度等。很多業務員在和客戶溝通時習慣用產品的特點去說服客戶，結果效果很差，原因就在於不瞭解客戶的真正需求。所以，優秀的業務員總是在任何時候都做好準備，隨時能與客戶進行溝通會談，把產品帶給他們的益處傳達給客戶，也同時把自己推銷給客戶，讓客戶對人跟產品都留下很好的印象。

而客戶在成交後，對產品做出否定評價也是業務員經常遇到的。如果客戶說的不是事實或與事實有些出入，那另當別論。當客戶對售後產生抱怨，你一定要謹慎應對，採取恰當的方式搞清楚是產品本身存在著問題，還是僅僅是一種習慣性的抱怨。但即使你的產品確實存在問題，也不要失去信心。

首先，要勇於承認自己的產品並非對所有人都是完美的，同時，保持適當的沉默，留出時間讓客戶說話。如果客戶也保持沉默，那就應該用

溫和的話語向客戶提出問題。很多成功的業務員之所以成功，秘訣就是多傾聽，少說話。我們要意識到，不是所有的問題都要回答，微笑、適當沉默也是一種很好的溝通方式。

與客戶溝通有許多必備的原則，掌握這些原則是成功銷售的基本前提，而所有的原則都圍繞著一個中心，那就是：一定要避免讓客戶產生抵觸心態。你要認識到，你和客戶是站在一起的，你是在幫助他們進行購買與解決購買後的問題。

身為一個業務，你要學會的不僅僅只是成交前的手段與方式，還要學會成交後如何解決客戶的種種問題。所以透過本書，你可以學會業務員成交前後的眉眉角角，攻守兼備，成就你的業務之道，成為超級業務員。

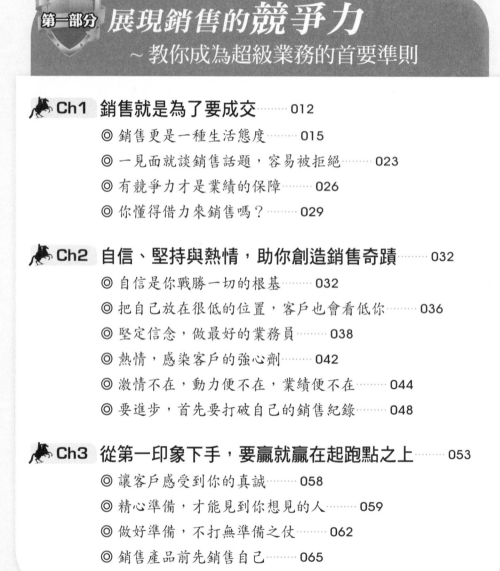

第一部分 **展現銷售的競爭力**
~ 教你成為超級業務的首要準則

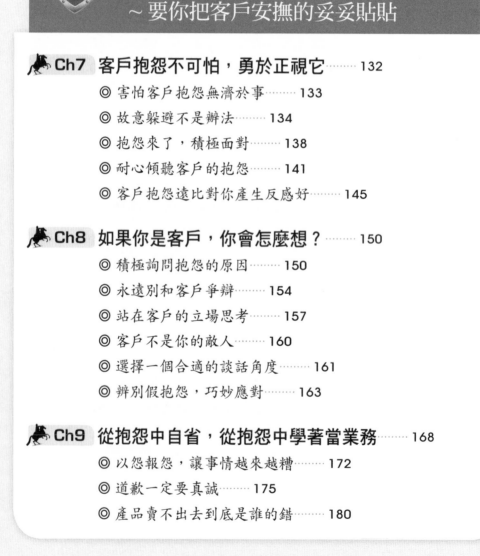

第二部分 加強銷售的**防禦力**
～ 要你把客戶安撫的妥妥貼貼

第一部分

展現銷售的
競爭力

教你成為超級業務的
首要準則

銷售是一個不斷出現問題又不斷解決問題的過程,你會遇到形形色色的人和各式各樣的事,但永遠都不知道客戶下一個問題會是什麼。可能在剛開始銷售的五分鐘,就遭到客戶的拒絕;或即將成交時訂單被取消,而這都是對業務員的磨練,若想成為一名合格的業務員,你就要經受住這些磨練。

銷售就是為了要成交

美國第一位億萬富翁洛克菲勒（Rockefeller）曾說：「做最富有的人，是我努力的依據和鞭策自己的力量。在過去的幾十年中，我一直是追求卓越的信徒，我最常激勵自己的一句話就是：『對我來說，第二名跟最後一名沒有什麼兩樣。』如果你理解了它，你就會認為，我以無可爭辯的王者身份統治了石油工業並不足為奇。」

做業務員也是如此，如果你不脫穎而出，成為最卓越的那個，那你的一切努力便將付之東流。只有客戶認可你的產品，簽下訂單，你才能算是獲得了成功；如果客戶沒有與你簽下訂單，即便你在過程中付出了很多努力，一切都是白費，就像洛克菲勒的那句話：第二名跟最後一名沒有什麼兩樣。

福特汽車公司創辦人亨利‧福特（Henry Ford）也說：「沒有野心的人不會成就大事。」若要做業務員就要有雄心壯志，要有企圖心，登上制高點才能展現那個最卓越的你。不要認為「頂尖」、「卓越」、「第一」這樣的字眼離你很遙遠，做業務員就要當冠軍，你必須要有這種野心！那怎樣才能成為一名優秀的業務員，讓自己在銷售戰爭中穩拿冠軍呢？你需要具備以下四種素質：

1. 敏銳的觀察力

銷售行為就像是狩獵，客戶就是你的獵物。業務員需具備像鷹一樣敏銳的雙眼，準確分析獵物的大小、距離、移動速度和軌跡，一旦有獵物進入視線中，便能迅速選擇最佳的狩獵角度，擒拿獵物。而市場瞬息萬變，業務員要想生存，還需練就一雙火眼金睛：

★ 瞄準具體客戶

知道哪些客戶是你的主要物件，將目光鎖定在他們身上，並確實掌握他們的心理。

★ 發掘客戶的需求

發現並挖掘客戶的需求，為你的產品找到最有力的賣點，用最有效的方式吸引客戶注意。

★ 擁有長遠的眼光

在想法上有遠見，對市場變化觀察敏銳，能夠看到市場遠景，不被蠅頭小利所迷惑，盡可能實現利潤最大化。

★ 洞察客戶的心理

設法明白客戶心裡真正的想法，繼而解決客戶問題，滿足客戶需求，達到成交的目的。

2. 超強的行動力

商業社會，弱肉強食，市場競爭激烈。身處高手如林的銷售領域，業務員要具備超強的行動力，一旦認準目標，就要展開行動。不管冒多大風險、耗費多長時間，都要勇往直前，堅持到底；只有狠得下心，不畏懼一切艱難險阻，才能替自己創造輝煌的業績。

3. 迅速的反應力

培養出迅速的反應能力，當任何的銷售情況發生，都能夠與客戶迅速過招，針對不同的需求與問題，提出適當的解決方案。而若要提升迅速的反應力，你需要具備以下幾點：

★ 強烈的時間觀念

時間就是生命，做銷售時客戶不等你、市場不等你、沒有人會等你，你必須要有超強的時間觀念，力求以最快的速度發現客戶、抓住客戶、成交生意。

★ 善於借力使力

速度快在於沒有阻礙，若自己走出一條路需要花費大量的時間和精力，所以懂得借雞生蛋，動用一切現有資源為你開路，才能提高速度。

★ 快速的資訊整合能力

資訊就是財富，快速拓展資訊管道、提高資訊質量，抓住資訊並找出特色，你才能與眾不同，在同行中脫穎而出。

★ 蓄勢待發

做好一切準備才能發揮最佳狀態，像離弦的箭一樣，以迅雷不及掩耳之勢到達目的地，以便迅速做出反應，在對手下手之前搞定客戶。

4. 有效的進攻力

在銷售的過程中，結果才是最重要的，要完成銷售目標，就要學會發力；一旦看準目標，就要發起有效的進攻，直擊要害，一招致命。這種力量既要隱晦無形又要效果顯著，才足以震撼客戶。

⭐ 注重銷售禮儀

禮儀也是一種無形的力量，給客戶留下好印象，在潛移默化之中贏得客戶的好感，就能初步掌握客戶。

⭐ 有口才

「一人之辯，重於九鼎之寶，三寸之舌，強於百萬之師」，可見好口才力量之大，銷售的過程不僅是智慧戰，更是口才戰；好口才是業務員必備的成功素質。

⭐ 成交有方

有好方法才有好結果，找準客戶就要直擊其心理要害，如此才能手到擒來。

要記住，做業務員就要爭冠軍，只有擁有敏銳的觀察力、超強的行動力、迅速的反應力、有效的進攻力，你才能戰勝別人，在銷售這條路上取得巨大的成就。

🎯 銷售更是一種生活態度 ✦

如果你是一名經驗豐富、業績好的業務員，你是否感覺很多時候幾乎完全置身於工作之中，不僅在上班時間忙於拜訪客戶、管理員工、提高業績，下班之後還要沒完沒了地應酬，有時出差一走就是十天、半個月，連假、週休也沒有了。

其實，這正是一部分業務員的工作和生活真實寫照。對他們來說，銷售已經不僅僅是一種職業了，更是一種生活方式。在這種工作和生活中，

他們扮演著不同的角色，肩負著不同的責任。

1. 對於客戶，你是產品專家

在客戶面前，你就是產品專家，這是你從事這一職業需要負起的基本責任。如果你在與客戶溝通時，一問三不知，那就說明你連業務員最基本的素質都沒達到，更不可能贏得客戶；如果你對客戶的提問只略懂皮毛，也同樣難以取得客戶的信任，因為你沒有讓他們瞭解到他們唯一想知道的東西。

作為業務員，你要有這個意識：唯有在客戶面前成為產品專家，對客戶的任何問題都對答如流，回答的內容有根可循，有據可依，在客戶面前樹立起你的專業，才能贏得客戶的信任。

那麼，如何才能讓自己更專業呢？你需要去瞭解產品以下內容：

★ 產品所採用的技術特點

★ 產品名稱

★ 產品價格

★ 產品的特殊優勢

★ 市場同類產品

★ 產品相關領域資訊

2. 對於公司，你是核心員工

我們通常說：「NO SALE，NO JOB」，意思就是「沒有銷售，就沒有事業可談。」這句話清楚地點出了銷售和業務員的重要性。簡單而言：「沒有業績和業務員就不可能有公司的存在。」放眼市場上的各種競爭，可以說都是以利潤為主，特別是現在各個企業之間所擁有的技術能力、商

品品質差異都不大，因此，各企業之間更是竭盡全力在「銷售」上一較高下，這就更突顯業務員對於公司的重要性。

業務員對於公司來說絕對是核心員工，只有業務員創造出好的業績，企業才有生存發展的可能。業績好的業務員永遠都是企業最器重的員工，也是薪水較高的員工；所以，每位業務員都要對自己的工作充滿信心，更要對自己的公司抱持強烈的責任感。

3. 對於家，你是感情溫度的調解員

要與客戶成功合作，業務員必須花費大量時間和精力，在公司與客戶間奔波周旋，假日沒了，生活更沒了；常常在應酬或出差後，身心疲憊地回到家。你可能因為客戶不簽單而心情煩躁，進而對家人失去耐心，甚至對家人抱怨、不聞不問；認為只有專心於工作上，取得好業績、有一番成就，才能對自己的家庭和家人負起責任。這樣想固然很好，但對於家庭，你更是感情溫度的調解員。

⭐ 不要向家人發脾氣

你可以因為沒有簽單而心情煩躁，但不要對家人發脾氣，家人沒有義務要看你的臭臉。

⭐ 記住家人在等你

你可以陪客戶應酬到很晚，但一定要記得家裡還有人在等你。

⭐ 時常打電話

在外出差的時候，不要忘記給家人打電話，聽聽太太的嘮叨和兒女的歡聲笑語，適時地紓壓、放鬆一下。

4. 對於自己，你是個人品牌的建立者

品牌是最有力、最具附加價值的銷售利器，它的力量是無形也是無窮的，有時比有形的銷售更有說服力。巨大的品牌效應能使產品成為客戶關注的焦點，同樣也能使你得到更多人的喜愛和認同；在推銷、宣傳產品，深化產品在客戶心中的烙印時，千萬也別忘了推銷自己，在銷售的過程建立和擴大自己個人品牌的影響力。

★ 透過發名片，讓更多人認識你。出門時記得多帶些名片，在一切可能的情況下發給身邊的人，讓更多人有機會認識你。

★ 鑽研銷售專業知識，讓自己成為這一行的專家。多學習和鑽研銷售知識，讓自己比其他業務員掌握更多經驗和銷售知識，唯有成為專業才能脫穎而出，擁有屬於自己的品牌特徵和風格。

★ 主動與陌生人打招呼，不管是維修人員、快遞還是櫃台客服、公司主管，即便是路過的陌生人，你都應該能和他們自然交談，最好是讓他們透過這次談話便記住你。

★ 參加培訓活動，主動參加銷售領域內的一些大型活動，與同行多多交流，不僅增長知識，也能讓更多的人認識你、擴展人脈。

銷售是一項艱辛且榮耀的工作，在這項工作中會得到很多，也會付出很多，有收穫的甜蜜，也有奔波的辛勞；你或許因此忽略了家人和朋友，但你依然是一個有責任感的人。在經歷無數的風雨和磨練後，你會感慨：銷售不僅是我的工作，更是我的生活方式。

成功沒有捷徑，只有經歷過痛苦和人生的磨練，才能獲得成功。而銷售是一項極具挑戰性的工作，這份工作給人帶來的困難與辛苦是他人難以體會的。很多超級業務員都是從底層做起，他們與一般業務員的差別在

於，這些超級業務員在一開始就不是碌碌無為之輩，他們在工作之初就為自己做好規劃，信念和業績都已經在大腦中形成。未來的工作中，他們會按照自己的計畫一步步前進，為自己累積經驗，不斷向成功邁進。

業務員要堅信一個信念：心有多大，舞臺就有多大。所以在規劃自己的未來時，應先從以下幾個方面考慮：

1. 做自己的心理調節師

人人都渴望成功，但成功並不是一件容易的事，等待成功更是磨練人們的心智。在漫長的過程中，業務員內心的焦慮會隨著時間的推移而增加；為了預防這種焦躁出現，你必須做自己的心理調節師：

⭐ 時時激勵自己

把自己的目標寫下來，放在看得見的地方，時時提醒自己離成功又更近了一步。

⭐ 珍惜時間

人的一生中能有效創造價值的時間非常少，業務員更要妥善安排每天的工作，提高工作效率。

⭐ 保持平和心態

業務員要明白，心浮氣躁只會引起客戶的反感，讓自己的工作業績每況愈下。任何一名業務員要想取得好業績，就必須正視每一次的挫折，用不服輸的態度迎接每一次的挑戰。

2. 瞭解未來的職涯發展管道

沒有一個業務員願意一輩子做第一線的銷售工作，在時機成熟時都希

望升遷。因此，業務員在提高業績的同時，也應該時時關注未來的職涯發展，伺機而動，使自己的價值得到最大限度的發揮。對於大多數的業務員來說，未來的職涯發展管道大致有以下五種：

⭐ 向上發展

如果企業市場份額的迅速增長，企業總部、分公司各個地區的人才需求量會擴編，業務員可以抓住這個機會選擇向上發展。如果銷售經驗豐富或具備一定銷售管理能力，可以考慮帶領業務團隊，管理主要銷售市場；如果有合適的機會，還可以到企業更高一層或公司總部繼續做業務員，充分發揮自己的才能，拓寬自己的職業之路。

⭐ 向下耕耘

向下耕耘就是由公司總部的業務部門流動至下一級或多級分支機構工作。如果業務員在總部業績亮眼，具備一定工作經驗，可以根據市場發展的速度和規模，選擇到下一級領導業務團隊、管理分區市場，負責攻堅銷售、開拓新業務或打硬仗等，這樣還有助於培養個人管理能力。

⭐ 橫向開拓

如果業務員具備一定銷售經驗，在成功完成銷售任務的同時，還能對銷售市場、客戶定位等問題有透徹深入的瞭解，就可以考慮去應聘與銷售相關的專業化職能管理職位。如對市場銷售情有獨鍾的業務員可以考慮選擇市場調查、管理等崗位；具備專業管理背景會對其感興趣的業務員則可以考慮業務培訓、人力資源管理、戰略規劃和管理等職務。

⭐ 個人創業

業務員在具備了豐富的銷售經驗、對行業的深刻瞭解和對市場的敏銳度後，也可以考慮創業。但在創業過程中，你需要擁有足夠的資金，瞭解

行業的運作模式，並且能夠合理合法地把握穩定的客戶資源，充分運用以前工作中累積的良好人脈，並且根據實際的情況，靈活應對創業時出現的問題。

⊛ 轉行或跳槽

優秀的業務員銷售能力強，創造的利潤多，特別是一些年紀輕輕就業績驚人的業務員，更能成為各大企業的寵兒。如果這類業務員的公司制度不健全或薪酬福利政策不夠好，導致個人發展受限，而眼下又有更好的企業挖角，那麼，跳槽不失為一種很好的選擇。

3. 謹慎應對「職業倦怠症」

業務員在具備更高職位的實力前，往往需要一到三年的磨練。在最底層跑業務、上門推銷，這種重複單調看似沒有前途的工作，著實容易使人產生倦怠感，而職業倦怠症的表現主要有：

★ 對工作喪失熱情，情緒煩躁、易怒，對前途感到無望，對周圍的人、事物漠不關心。

★ 工作態度消極，對服務或接觸的物件沒耐心、不親切。

★ 對自己工作的意義和價值的評價下降，經常遲到早退，甚至開始打算跳槽或轉行。

職業倦怠症在業務員身上表現得尤為明顯，很多業務員都是在職業倦怠期離開銷售行業，去其他領域尋找新的機會。如果是經過認真分析後，感覺業務這個行業實在不適合自己，那麼轉行確實是一個明智之舉。但若是因為遇到一點困難就放棄而轉作他行，不單是輕率地阻斷了自己的職涯發展機會，又使自己失去了一份有前途的職業。為避免這種情況，業務員可以透過以下幾個方面來改善：

⭐ 換個角度看問題

　　一成不變的環境和工作狀態容易令人感覺疲憊，試著用不同的角度思考事情，用全新的眼光審視自己的工作，從中找到新的樂趣，找回工作的熱情。

⭐ 主動找上司溝通

　　業務員一旦陷入倦怠，必然會在工作上變得懶散，致使業績下滑。這時，你應該及時與上司溝通，取得上司的諒解，消除誤會和矛盾。同時，還可以從上司那裡學到一些寶貴經驗，使自己受到啟發，擺脫困境。

⭐ 增加與朋友及同行的交流

　　及時與朋友、同行交流，可以得到他們的建議和提醒，獲得更多的經驗，幫助自己更好地應對工作。另外，將自己的困惑向朋友傾訴，減輕心理壓力，使自己今後能輕鬆工作。

⭐ 適時運動，恢復活力

　　運動能讓體內血清素增加，不僅助眠，也有助於恢復活力和信心。一週運動三天，每天運動三十分鐘，快走、游泳都是不錯的運動，按此原則將運動培養成習慣。

⭐ 給自己放假

　　如果感覺自己的狀態已經無法正常展開工作，不妨安排時間休假，讓自己適時的放鬆一下，使自己提高積極度，好面對接下來的工作。

　　對於業務員來說，前三年非常關鍵，如果能在這一時期克服倦怠心理，接受更多磨練，領悟更多銷售知識，就能厚積薄發，在銷售行業取得成就、展現價值。業務員一定要記住，你的信念和業績都在大腦之中；所

以，每個人都要堅定信念，謹慎應對職業倦怠期，為實現自己職業發展規劃而努力。

一見面就談銷售話題，容易被拒絕

為了達到業績，很多業務員都會犯下急功近利的錯誤，一見到潛在客戶就幻想著能馬上征服他們，把循序漸進、水到渠成的銷售步驟拋到腦後，最後被客戶拒絕。

與客戶握手	→	立刻拿出產品	→	滔滔不絕地介紹	→	被客戶拒絕

俗話說：「心急的人吃不了熱豆腐。」業務員若想把產品推銷出去，急於成事反而壞事，而且這樣不分青紅皂白，一開頭就介紹產品可能會導致兩個不好的結果：一是客戶被你過分的熱情嚇跑，二是他對你介紹的物件根本無權做出購買決定。

所以，業務員與客戶一見面就談銷售與成交，十之八九都是失敗的。那麼，為了防止這種情況的出現，業務員面對初次見面的客戶應如何做呢？

1. 巧妙寒暄，攻破客戶的心理防線

在「寒暄」這個詞中，「寒」是寒冷的意思，「暄」是溫暖的意思，合起來，就是噓寒問暖。人們見面時通常會有一番寒暄，其實銷售也是如此。

被美國人譽為「銷售大王」的霍伊拉先生聽說梅依百貨公司有一宗很大的廣告生意，便決定將這筆生意攬到自己手中。為此，他開始想方設法瞭解該公司總經理的專長與愛好。經過瞭解，他得知這位總經理會駕駛飛機，並以此為樂趣。

於是霍伊拉在同總經理見面並相互介紹後，便不失良機地問道：「聽說您會駕駛飛機，您是在哪兒學的？」這一句話挑起了總經理的興趣，他談興大發，興致勃勃地聊起了他的飛機和他學習駕駛的經歷。

結果，霍伊拉不僅得到了廣告代理權，還很榮幸地乘坐了一回總經理親自駕駛的飛機。

由此可知，與客戶見面時不要著急談推銷，要先巧妙地和客戶聊一些與銷售無關的話題。寒暄不是目的，寒暄主要是為了緩和氣氛，拉近彼此心中的距離，解除對方的警戒心理，為接下來的推銷打下良好的基礎。在與客戶見面的溝通中，寒暄就是話家常，聊聊天氣以及對方喜歡的一些話題，向他展現你的友好與真誠，藉以向對方表示樂於與他多交之意。常用的寒暄主要有以下幾種類型：

★ 言他式

談論天氣是日常生活中最常用的寒暄的方式，初次見面，如果一時難以找到話題，可以透過談論天氣來打破尷尬的場面。

★ 誇獎對方

每一個人都希望得到別人的認可和肯定，都需要別人的欣賞和讚美。因此可以在拜訪客戶之前先做好準備，瞭解客戶的優點，適時誇獎客戶。如「早就聽說過您的大名！」、「我拜讀過您的大作。」、「我聽過您的

演講」等。

🎯 觸景生情

　　針對具體的交談場景，臨時產生的問候語，比如對方正在做的事情、對方的工作環境、衣著、愛好等，這些都可以作為寒暄的話題。比如：「王經理，原來您也喜歡這本書啊……」

🎯 攀親帶故

　　在客戶的資料中，或者在對方的口音中，都可以知道對方的籍貫，或曾經在哪裡居住過。這時，我們就可以從這種口音中帶出更多的話題，從鄉音說到地域，更從地域說到風土民情、特產等。有時，還可以發現和對方有著這樣那樣的「親友」關係，如「我出生在雲林，我們算是同鄉了。」、「噢，你是台北大學畢業的，說起來我們是校友呢。」在談話中，要善於發掘雙方的共同點，從感情上與對方靠攏。

　　無論是人際交往中，還是在銷售工作中，寒暄都能起到重要作用。寒暄是一門學問，需要累積和學習。在這方面多下工夫、多運用，就會得心應手，在任何場合都可以做到處變不驚，遊刃有餘。

2. 計畫周詳，讓客戶更容易接受你

　　業務員要注意，如果你拜訪的新客戶是電話預約好的，那麼在上門拜訪前要先做一個詳細的計畫。因為業務員如果用臨場反應作出即興的說服策略，成功率通常很小；而有了計畫，在面談時才會有應對的策略，自信心也會增強，情緒比較穩定，客戶更容易接受你。

3. 心態平和，初次見客戶言語不急不躁

業務員在初次見客戶與其交談時，通常會有這樣的狀況：急著想向客戶推銷，實現成交，可越著急就越緊張，越緊張就越說不出話來。以至於讓客戶對你很反感，往往介紹還沒結束，客戶就揮揮手走掉。為什麼會這樣呢？主要是沒有給自己一個輕鬆、愉悅的心理建設做基礎。想想同樣的產品，假如你向朋友或家人介紹，肯定就不會這麼緊張了。

所以，業務員在首次面對客戶，向其推銷產品時，要心平氣和，不急不徐、順暢地與客戶溝通，客戶才有可能接受。

有競爭力才是業績的保障

在經營企業中人們常說「人無我有，人有我優，人優我廉，人廉我轉」，這句話說的就是競爭力的重要性。對於業務員也是如此，只有強有力的競爭力才能讓自己取得好業績，在公司眾多同事中脫穎而出。

現在很多公司對於業務員考核都採取末位淘汰制，也就是說如果你的銷售業績在公司內連續幾個月都在最後一名，就得面臨被辭退的危機。因此，業務員要想取得好的業績，不被淘汰，就需要從多方面入手，提升自己的競爭力。

文麗是一個半路出家的業務員，三十歲才開始擔任化妝品業務，剛入行時她的銷售狀況可謂是慘不忍睹：第一個月的銷售業績是零，到第三個月才有了三個客戶，而這三個人都是自己的朋友。在工作之初的例行拜訪

裡，她十次當中沒有一次能流暢完整地向客戶介紹產品，她總是想：「今天的狀況不好，還是提早收工吧！」便去找朋友聊天喝茶，關於化妝品的話題一天根本就談不了幾句。因為銷售業績不理想，她想過要放棄，但為了確定自己是不是適合這份工作，於是她請教了公司的一位前輩。

這位前輩與文麗交談後，得知她是一個非常喜歡寫作的人，而且也發表過一些文章，便建議文麗將自己優秀的文筆優勢運用到銷售當中。

文麗按照前輩的話去做了，很快就感受到了成效，她寄出去的信一一得到了回應：「你的文筆真好」、「你的信寫得非常用心」、「很感謝您前些日子的來信」等。客戶的讚賞讓她的信心大增，之後她寄出的明信片越來越多，客戶數量也隨之增加。為了讓自己的文字發揮更大作用，她做了很多努力：首先她建立一個非常詳細的客戶資訊表，不但有客戶的姓名、住址、電話，還有客戶的興趣、家庭成員名稱及其生日、客戶先生的工作和愛好、客戶是否養寵物等，這些資訊都是她給客戶寫信函的基礎。讓客戶在她的信裡讀到的不僅僅是優美的文字和感謝的話語，有時還會有很多有用的資訊。

後來，她還將自己的文字用在了更多的地方，例如：寫給介紹人的感謝函、寫給被介紹的人的問候信，還有給新客戶的感謝函跟現有客戶在化妝上的建議函、快遞寄商品時所附加的小說明等，這一做法在客戶中迴響非常好。她手中的客戶從幾個、幾十個最後達到上千個，年銷售額突破百萬元，連她自己都不敢相信。

優秀的文筆，就是這位業務員的核心競爭力，也因為這個優勢讓她的競爭力迅速提升，使她成為公司中的佼佼者。

1. 將自己的優勢轉化為競爭力

當我們在抱怨自己沒有競爭力的時候，我們是否真的用心思考過了呢？其實擁有競爭力並不難，首先我們要找到自己與眾不同的優勢，並巧妙地把這些優勢運用到銷售中，就像是文中提到的文麗，她就是將自己的興趣轉化為了競爭力。認真思考一下，你是不是忽略了自己身上的某些優勢呢？只要你認真剖析自己，就一定能發現自己的獨特之處。

如果你個性開朗，那麼幽默風趣就是你的競爭力，你可以強化口才，將演講能力發展為優勢；如果你嚴肅認真，那麼嚴謹負責就是你的競爭力，你可以將注重細節發展為優勢。

2. 專業技能是永恆的競爭力

在職場中，專業技能是永恆的競爭力根基，只有具備專業的銷售技能，其他優勢才有機會展示出來；如果銷售技能不過關，那麼再多的優勢也都不能施展。業務員具備了專業技能，才能很好地處理與客戶之間的每一個細節，向說明客戶並解決更多、更複雜的問題。那麼，業務員可以透過那些途徑來提高自己的競爭力呢？

★參加相關培訓

★閱讀相關書籍

★總結自己的銷售活動

★多與經驗豐富的銷售員相處請益

你懂得借力來銷售嗎？

在工作和生活中，每一個人總會有遇到問題無法解決的時候，但憑藉個人的力量總是微弱的，若要想有所成就，或實現自己的某個心願，或謀個好職位，任何時候都可以依靠借力。所以，人不能清高，不能總是認為「靠自己的本事吃飯」，萬事不求人，這種清高本質上是一種迂腐，是一種愚蠢，是一種與社會對立的表現。現代人應學會求人，求得他人的幫助，善於借用他人的力量。不願意給別人添麻煩的想法雖然可貴，但是，這樣做對於解決問題的效率和問題解決的程度不一定是最快和最好的，所以，對業務員來說，借力是值得多多運用的銷售方式。

林剛大學畢業後在一家報社當新聞記者。有一天，編輯部主任把他叫到辦公室對他說：「今天晚上有一場很重要的音樂會，可是，報社負責的記者突發急病，正在醫院裡做手術。因此，社裡決定派你去參加音樂會，負責寫一篇相關的文章，明天見報。」

這令他十分為難。因為他本身就不是學音樂的，對此一竅不通，怎麼能寫出評論文章呢？拒絕吧，沒這個膽量；接受吧，又怕不能勝任。主任見他不出聲，便問他是不是有什麼困難，他把自己所擔憂的說給主任聽，沒想到主任聽後笑了笑說：「沒有過不去的火焰山，船到橋頭自然直。你們這些年輕人，頭腦來得快，我相信你一定能寫出一篇像樣的文章。」然後主任擺了擺手，把他打發出去了。

當天晚上，對音樂一竅不通的林剛愁眉苦臉地坐在會場中，而會場另

一邊，他清楚地看到了另一家日報的音樂線記者。那傢伙蹺著二郎腿，微閉著雙眼，頭隨著音樂的節奏微微晃動，一副胸有成竹的樣子。明天，肯定會出現他的文章。可是，自己的任務該怎麼去完成呢？

眼看音樂會就要結束，這時他突然想到了一個辦法。

舞臺上的帷幕剛一拉上，他就立即衝到後臺，找到了一位知名的小提琴演奏家。他向小提琴演奏家說明自己面臨的困難並坦誠地向她求助。他說：「實際上，我是想請您幫我寫這篇文章。我想，您會幫助我這名新手的。」小提琴家望著他笑了，隨後便滔滔不絕地講了起來。

林剛一邊聽著她的講解，一邊快速地記著筆記。他心裡在想：「那位記者同行，不管他的文采有多麼好，閱歷有多麼深，對音樂的理解有多麼透徹，觀點有多麼新鮮，都不可能寫出比我更好的文章。因為他在音樂上的造詣不可能超過我面前的這位音樂家。本來我和他之間的差距是巨大的，可是我站在了這位著名的音樂家肩膀上，借了她的力，用兩個人的智慧，而其中一個人的音樂知識顯然比他強得多。」

第二天，兩篇文章同時見了報。圈內人士都驚呼發現了一名新的音樂評論新星。

此後，報社主管就讓他擔任了專職的音樂記者。他運用第一次成功的經驗，再加上不斷地學習、鑽研，幾年後，他逐漸成為被大家公認的音樂評論家，最後還擔任了全國性的音樂雜誌總編輯。

可見很多時候，有些事情是要借助一定的外力才能完成和實現的，在工作中，你總有自己力所不能及的時候，你不可能萬事不求人。在處於困境的時候，只要你把自己的困難坦誠地告訴別人，並誠心地向他人求助，

被求助者一般都不會袖手旁觀；而從助人者的角度來講，助人比獲得別人的幫助更能獲得滿足感。身為業務員的你，若在銷售的過程中遇到任何的問題，可以試著詢問前輩一同解決，或是尋求一些領域的專家，參加研習……等活動，透過借力的方式，讓銷售上的困難迎刃而解，沒有解決不了的問題，而在於尋求甚麼辦法去解決。

求助別人並不是什麼丟人的事，只是一種合作方式。任何人都不是獨立過活的，可以是彼此相連的。所以，求助是一件很正常的事，它既能幫助自己解決問題，還能獲得一些友誼，減少陌生和距離；彼此求助事情，增進溝通和交流，互相瞭解更多。陌生人之間的求助會一下子縮短距離，讓人熟悉起來，互相得到幫助甚至是溫暖；所以，需要的時候，就要大膽地求助別人，不要害羞、顧慮，即使曾被拒絕過，但還是得到的多。只要你真摯、大方、坦誠，相信一定會得到你想要的幫助。

Chapter 2 自信、堅持與熱情，助你創造銷售奇蹟

自信是你戰勝一切的根基

洛克菲勒（Rockefeller）說：「自信能給你勇氣，使你敢於向任何困難挑戰；自信也能使你急中生智，化險為夷；自信更能使你贏得別人的信任，從而幫助你成功。」倘若一個人沒有自信，無論做什麼都不會輕易成功。

很多剛從事業務的人都會出現這種情況：在一次次被客戶拒絕後，開始懷疑自己的能力，看到身邊的同事業績斐然，就認為自己跟別人的差距很大，好像永遠也比不上，慢慢地，不自信的心理轉變成自卑。而自卑更會導致業績越來越差，如此一來，自卑心理越加嚴重，不斷地惡性循環。

★ 自卑→對客戶拒絕感到恐懼→懷疑自身能力→行動懈怠，落於人後→業績差

★ 自信→對客戶不恐懼→思路清晰→有效表達，實現成交→好業績

一名合格的業務員首先要具備十足的自信。讓自己先充滿信心，才能消除面對客戶時的恐懼；給自己一個清晰的思路，才能把自己所掌握的產品知識流暢地介紹給客戶。

綜觀成績不佳的業務員，其共同缺點便是缺乏自信；越是不自信，業績越差，日子就在惡性循環中一天天地度過，最終一事無成。要成為優秀的業務員，你就必須鼓起勇氣，記住，客戶絕不會向沒有自信的業務員購買任何東西；這樣的業務員會令人討厭，也會讓客戶覺得自己在浪費寶貴的時間。所以，即便你學歷不高、沒有經驗、沒有人脈，但只要你展現自信，勇於面對客戶、不怕被拒絕，你就能戰勝一切挫折，自信是你戰勝一切挫折的根基。

1. 堅信業務員是一項有前途的職業

在我們的周圍，有不少業務員羞於將自己的職業告訴別人，他們看不起業務這一職業，當然也看不起自己。這樣一來，他們就會感到內心壓抑苦悶，工作的積極度就會降低。SONY 創辦人盛田昭夫曾在其著作《日本・索尼・AKM》一書中寫過這樣一段話：「僅有獨特的技術，生產出獨特的產品，事業是不能成功的，更重要的是產品的銷售。」正如盛田昭夫所說的一樣，銷售對任何一個企業來說都猶如命脈，而業務員正是這條命脈的締造者。作為業務員，我們要理解、肯定並熱愛自己的職業，不要因為別人的偏見而產生自卑心理。

2. 相信自己能夠勝任

自信是成功的先決條件。只有業務員相信自己能夠勝任此工作，才能落落大方地去面對客戶，條理清晰地向客戶介紹自己的產品；也只有這樣，你才能得到客戶的信任。如果你在與客戶的交談中顯得唯唯諾諾，客戶必然會產生反感，進而對產品產生懷疑，最後不可避免地拒絕你。

自信心不是一天就能培養起來的，若想在客戶面前有良好的表現，就

要在日常的工作和生活中累積。我們可以將每天的工作計畫分解到每個事項、每個時段，完成一件事，就是一項成就；而完成每天的計畫，就是一天的成就。只要每天都感受到自己的成就，就能相信自己足以勝任這份工作。

3. 相信產品能滿足客戶

任何產品都不可能做到十全十美，話雖如此，但有很多的業務員在面對產品的缺點時，還是會不斷抱怨，且向客戶介紹產品時顯得不夠自信，這是銷售中的大忌。現在，產品同質性高，同類產品在功能方面沒有較顯著的區別，只要我們的產品符合國際和業內的標準，能滿足客戶的需求，那它就是優秀的產品。業務員不能把成交的希望寄託在無可挑剔的產品，因為這樣的產品是不存在的。

4. 相信公司是有前途的

「業務員代表公司」經常在各大場合被提到，它直接點明了業務員所扮演的角色。業務員的特質就像代表國家的外交官從事外交活動一樣，不單是與客戶接觸，更是代表了公司對外的一種形象。正因如此，業務員一定要對自己的公司有信心，因為這能讓你在面對客戶時更充滿自信，反之，也會讓客戶對你和你的公司有信心。

有一個孤兒,生活無依無靠,他很迷惘和彷徨,只好四處流浪。

他在路上碰到一名商人,孤兒說:「我什麼手藝都沒有,以後該如何生活呢?」

商人說:「那你為什麼不找些事做呢?」

「像我這種沒有一技之長的人還能做什麼呢?」孤兒說。

聞言,商人便把他帶到自己住的旅館,拿出一塊陋石交給他,並對他說:「你把它拿到市場上去賣了,看看能值多少錢,但無論別人出多少價格買這塊石頭,你都不要賣。」

孤兒拿著石頭來到市場,在一個不起眼的地方蹲下來。可是,那是一塊陋石啊,根本沒有人把它放在眼裡。

第一天,第二天……一直等到第四天時,終於有人來詢問。在第五天,一位商人開出了 50 個金幣的價格。

孤兒堅定地說:「不賣。」

第六天,那塊石頭已經能賣到一個很好的價錢了。

孤兒去找商人,商人說:「你把石頭拿到石器交易市場去賣,但記住,一樣無論多少錢都不要賣。」

孤兒把石頭拿到石器交易市場。兩天後,漸漸有人圍過來問。接著,詢價的人越來越多,石頭的價格已被抬得高出了石器的價格,孤兒還是堅定地說:「不賣。」越是這樣,人們的好奇心越大,石頭的價格不斷地被抬高。

孤兒又去找商人,商人說:「你再把石頭拿到珠寶市場去賣……」也出現了同樣的情況,孤兒還是堅定地說:「不賣。」到最後,石頭的價格已被炒得比珠寶的價格還要高了。

孤兒再去找商人,商人說:「世上人與物皆如此,如果你認定自己是一塊不起眼的陋石,那麼你可能永遠只是一塊陋石,如果你堅信自己是無價的寶石,那麼你就是。」

不起眼的石頭,因孤兒的自信而提升了它的價值,人就像這石頭一樣。

生活並不只有成功的微笑，還會有很多困難，但無論何時，我們都要滿懷熱情地對自己說一聲：我行，我能行。即使你是凡夫俗子，無過人的才華，無美麗的容顏，你也不可以缺少自信。

自信是一個人最重要的精神品質，你可以一無所有，但你絕對不能沒有自信；不管做什麼事情，缺乏自信的人，總是會面臨很多挑戰。業務員也是一樣的，一旦有充足的自信心就有向前衝刺的力量，那麼本來充滿著不可能的事情，也可能因為這種自信的力量而俯首稱臣；如果我們具有自信心，就是為自己的成功打下了堅實的基礎。

把自己放在很低的位置，客戶也會看低你

作為業務員，我們在面對客戶時，要保持一種自信的態度，在與客戶溝通時不卑不亢，也不能把自己放在很低的位置，否則客戶會把你看低；自我貶低的業務員不會得到客戶的喜歡，畏首畏尾、奉承、抱歉的態度只會使自己失去尊嚴和自信。客戶在面對這種業務員時，很容易不耐煩，他們可能會生硬地拒絕、冷落怠慢或者有禮貌地請他走開。

你應該明白，不同的人從事不同的職業，做著不同的工作，並沒有什麼高低貴賤之分；只要在自己的職位上踏踏實實地努力工作，就能實現自身的價值。在與客戶接觸中，業務員要認同自己的位置，不要否定自己，不要妄自菲薄。

1. 接受自己、肯定自己、相信自己

一位銷售大師曾經說過：「業務員成功的秘密武器是，以最大的愛心去喜歡自己。」業務員首先應該做到接受自己、肯定自己、相信自己；如

果一個人連自己都嫌棄，也不必指望別人會喜歡你。自信心不足是業務員最容易出現的心理問題之一，很多人失敗的原因並不是沒有能力，是因為缺乏自信，不相信自己是最優秀的；而導致不自信的主要原因有：

⭐ 對職業的信心不足

看不起銷售這一職業，羞於將自己的職業告訴他人，在面對客戶時說話沒有底氣，情緒低落、言行怯懦、消極怠工。

⭐ 對自己所在的公司信心不足

業務員有時候會因為對自己所在公司的實力、前景、信譽等持有懷疑，而不能獲得足夠的安全感。另外，也會因為公司不能為自己提供相應的環境和機遇，而對公司失去信心，這些都會減少業務員的工作熱情。

⭐ 對自己銷售的產品信心不足

如果你覺得自己銷售的產品品質不高、價格太貴，與同類產品相比缺少競爭優勢，從而對產品失去信心，銷售時也會底氣不足，害怕客戶挑剔。

⭐ 對自己本身沒有信心

有些人會覺得自身條件差，懷疑自己的銷售能力，認為自己不適合做銷售工作而產生懈怠心理，或因為性格原因，在稍微遭受一點挫折就產生嚴重的挫敗感，產生「心有餘而力不足」的感覺，輕易選擇放棄。

業務員要時刻記住：自信是成功的先決條件。只有充滿自信，在與客戶交談時才能表現得落落大方，胸有成竹，從而感染、征服客戶，獲得客戶的尊重，成功收單。

2. 保持積極的心態

對於業務員來說，心態很重要。消極的心態對人的情緒和行動有諸多

負面的影響，會降低成功的機率，甚至最終一無所獲。若業務員擁有積極心態不但可以激勵自己，更能夠感染客戶，增加自身的魅力。

要想創造優秀的業績，取得更多的成功，一定要保持積極的心態，克服消極心理，學會自我激勵，對周圍的人心存感激。灑脫地面對自己的工作，自信地對待客戶與同事。

3. 堅持自己的信念

有些時候，業務員不能擺正自己的位置，是因為沒有一個確定的信念；因為沒有信念，所以不能確定前方的道路會怎樣，不能確定自己的價值，對未來充滿迷茫。

一個人只有在內心信仰的驅動下，才能全力以赴地完成自己認定的事情。作為業務員，我們要樹立堅定的信念：爭取業績第一，永不認輸，永不放棄。只有內心具備了堅定的信念，才能在工作中全力以赴；否則，只能在客戶面前灰溜溜地逃走。

🎯 堅定信念，做最好的業務員 ✦

人常說不想做將軍的士兵不是好士兵，同樣，不想做銷售大師的業務也不會是一個好業務員。每位業務員都應該選擇一位銷售大師作為自己的偶像，當然這個偶像不僅僅只是讓我們瞻仰，更要以他為目標，追逐他甚至超越他。

1. 正視自己的工作，一切從零開始

　　我們現在所處的時代是一個行銷的時代，作為一名業務員，只有從銷售的基層做起，累積了大量的實戰經驗之後，才能夠成為業務經理、業務總監。在銷售的行業中，紙上談兵是做不成大事的。

　　老李做了二十年的業務員，他清楚地記得自己剛開始做銷售時第一個月的業績是零，但是現在他每個月的業績可以達到幾十萬，也從一個小小的基層業務員晉升為公司的業務經理。

　　每次老李在教育公司的業務員時，總會這樣說：「很多人都問我有沒有速成的秘訣，我每次的回答都是：沒有！也有很多人問我是怎麼成功的，我告訴他們我沒有高超的頭腦，現在的成就都是我努力付出換來的。我曾經在一年的時間裡，走訪了很多城市，我給自己的承諾就是要親自拜訪、調查，為此，不知道磨破了多少雙皮鞋。」

　　「我曾經對銷售一無所知，大家也知道我從事業務員時第一個月的業績為零。但是我告訴自己，正因為我對銷售一無所知，所以才更積極地學習，也才成就了我的今天。我想告訴大家的是：只有蹲得越低，才能跳得越高。」

　　老李說得很對，要想成為頂尖的業務員，就需要有長時間的累積，你要拿出三到五年的時間為自己成為頂尖業務員做準備。剛踏入職場的人都有過這樣的經歷：同學之間暗中比較薪資的多少，薪資高的洋洋得意，薪資低的就覺得抬不起頭來，在心裡暗自發誓要換工作。這種浮躁的心理會給你的職涯規劃帶來負面影響。

要知道，對於初入職場的新人來說，最寶貴的是提高能力並獲取經驗，而不是贏得金錢；只有不斷地累積能力和經驗才能讓我們走得更順、更遠。

2. 你想達到怎樣的高度，就要付出怎樣的努力

誠然，我們每個人都想獲得成功，但不要忘了你取得的成績勢必與付出的努力成正比。我們要知道，成功靠的不是我們美好的想像，而是真實的汗水和努力，沒有經過非人的磨練，你又怎能站在事業的頂峰，傲視群雄？

每位業務員都希望自己成為喬‧吉拉德（Joe Girard）、原一平那樣的銷售大師，可我們不妨捫心自問一下，你付出他們那樣的努力了嗎？

3. 你充分利用時間了嗎

要想成為銷售大師，就要合理利用自己的時間。有很多業務員不懂得利用自己的時間，將大把時間都浪費在無關緊要的事情上，不知不覺中遠遠落在同行身後。

「發明大王」愛迪生是一個懂得利用時間的人。他經常對助手說：「浪費，最大的浪費莫過於時間的浪費了。人生太短暫了，要多想辦法，用最少的時間辦更多的事情。」

一天，愛迪生在實驗室裡工作，他遞給助手一個沒裝上燈座的空玻璃燈泡，說：「你量量燈泡的容量。」便低頭繼續手上的工作。

過了好半天，他問：「容量多少？」沒聽見回答，轉頭看見助手拿著軟尺在測量燈泡的周長、斜度，並拿了測得的數字趴在桌上計算。

「時間，時間，怎麼浪費那麼多的時間呢？」愛迪生走過來一邊說著，並拿起那個空燈泡，向裡面斟滿了水，交給助手，說：「把裡面的水倒在量杯裡，馬上告訴我它的容量。」助手立刻讀出了數字。

愛迪生說：「這是多麼容易的測量方法啊，準確又節省時間，你怎麼想不到呢？還去算，那豈不是白白地浪費時間嗎？」助手的臉紅了。

愛迪生喃喃地說：「人生太短暫了，太短暫了，要節省時間，多做事情啊！」

做業務員也是這樣，每一刻的時間都是寶貴的。我們要經常問自己：我每天是不是在急客戶所急？我是不是給了客戶最好的服務？我是不是總結了成功的經驗和失敗的教訓……業務員只有懂得了合理安排和利用時間，才能取得好業績。

熱情，感染客戶的強心劑

邱吉爾說過：「成功就是在不斷失敗的時候還能保持熱情。」但換個角度想，其實「熱情，就是擁有希望和堅持的能力。」無論何時何地、無論失敗或成功，你都能對自己創造新的希望，而這個希望，讓你能夠繼續堅持完成所有的事情、克服所有的困難。

賽克斯是美國一家公司的業務員，憑著高超的銷售技巧，他打開了無數經銷商壁壘森嚴的大門。有一次他路過一個商場，進門後跟店員打了招呼，便與他們聊起天來。

經過閒聊，他發現這家商場有很多不錯的條件，於是想將自己的產品放在這家商場銷售，但是卻遭到了商場經理的拒絕，經理甚至說：「如果進了你的貨，我們是會虧損的。」賽克斯並沒有放棄，他想盡辦法說服經理，但最終還是沒能成功，只好離開了。他在街上溜達了一圈之後決定再去商場，當他重新走到商場門口時，經理竟然滿面笑容地迎上前去，還沒等他張口，經理就決定訂購一批產品。

賽克斯被突如其來的喜訊搞暈了，他不知道為什麼經理改變了決定，最後經理說出了事情的原委。他說，一般的業務員到商場時，很少會和店員聊天，而賽克斯首先和店員聊天，還聊得很融洽；同時，他也是唯一被拒絕後再又重新回到商場的業務員。

賽克斯的熱情不僅感染了經理，也征服了經理，還有什麼理由好拒絕呢？熱情的人能讓人們感到親切、友好、自然，與這樣的人交往無形中能

夠縮短彼此的距離，創造融洽的相處環境。熱情是業務員在面對客戶時必備的基本素質，世界前五百強企業——惠普公司的核心價值之一就是「熱情對待客戶」，公司對員工的要求就是「用你的激情承載熱情，用你全部的熱情讓客戶獲得最大滿意」。

對於業務員來說，對客戶熱情是最基本的要求。熱情會使業務員更容易接近客戶，你的談話會不斷地感染對方，讓銷售工作的過程更加順利。

銷售是一份需要耐力和意志力的工作，唯有熱情才能讓我們堅持下去。作為一名業務員，無論什麼情況下，要想贏得客戶的青睞，都要展現給客戶發自內心的熱情。那麼，在銷售工作中，怎樣才能讓自己始終保持熱情呢？

1. 積極的自我暗示

在進行推銷之前，不妨給自己來一段精神喊話，告訴自己在接下來的銷售中一定表現得很好。雖然很少有業務員會這樣做，但是這個方法卻十分有效。

因為在這段自我激勵中，你賦予自己勇氣和力量，在接下來與客戶的談話中，你就能夠展示出自己的能力與活力。

2. 讓自己擁有一個強健的身體

如果一個人病懨懨的，我們肯定體會不到他的熱情；相反，如果一個人充滿了活力，他的身體和情感也會充滿活力。業務員要想看起來充滿熱情，不妨做一些運動。

每天早晨做些體能活動，像慢跑、騎腳踏車等，這樣不但能保持良好的體態，也能讓你的精力更充沛，讓你更有自信地去面對客戶。

3. 給客戶一張笑臉

喬·吉拉德（Joe Girard）說過：「當你笑時，整個世界都在笑。一臉苦相沒人會理睬你。」微笑，不會花費我們一分一毛，但卻能帶來無法估量的價值。試想一下，如果你在向客戶推銷產品時，始終板著臉沒有一點笑容，有客戶會接受他嗎？相反，如果經常保持得體的微笑，從始至終與客戶溝通的都很順暢，那麼客戶一定會喜歡同他交往，這就是人們常說的「和氣生財」。當然，微笑也有技巧，嘗試練習以下的方法，一定會讓你有所受益的：

★ 每天進行十分鐘的訓練

把遇到的困難和挫折拋到腦後，集中精力想一些高興的事，這樣心情就會好起來。

★ 要注意微笑的程度

嘴巴開到不露或剛好露齒縫的程度，嘴唇呈扁形，嘴角微微上翹。

如果你想成為一個處處都受歡迎的業務員，那麼請你保持微笑吧！可是你要注意，適當的熱情是必要的，但是要有分寸，不要過火。否則，客戶只會覺得你是虛情假意，對你有所戒備，在無形中拉大與客戶之間的距離。

◎ 激情不在，動力便不在，業績便不在 ✦

動物學家曾做過一個試驗：把一群跳蚤放置在裝有食物的玻璃杯中，並蓋上玻璃蓋。結果每隻跳蚤都不停地奮力往上跳，而且每跳一下都會撞

到玻璃蓋。一個小時以後，跳蚤依然在跳。但是跳蚤撞痛幾次以後，便開始本能地適應環境，跳得比原先要低一些，只跳一半或三分之一的高度。三天以後，動物學家把玻璃蓋拿掉，觀察跳蚤的行為，發現每隻跳蚤雖然持續在往上跳，但是沒有一隻跳蚤跳到杯外來，因為它們已「習慣」輕輕跳。

其實這個跳蚤實驗也揭示出一個諷刺的職場現象：在一個固定的環境裡，很多人做著一成不變的工作，便逐漸失去激情和動力，變得比從前更平庸。

所以在做了一段時間的業務員之後，不少人也會陷入這樣一種疲倦、懈怠的狀態，每天的工作彷彿變成了例行公事，鬥志昂揚的工作狀態不見了，取而代之的是安逸和懶惰。當一個業務員對眼下的一切都開始滿意，工作的激情也就漸漸變淡了，曾經的目標和夢想變得越來越模糊，前進的動力也隨之消失，最終把自己封閉在一個悠然自得的小環境裡，逐漸開始退步，業績也開始下滑。

如果你漸漸發現自己的工作已沒有往日那般積極，只要一開始工作就沒精神，甚至把銷售認為是負擔，且時常抱怨薪水少，那麼你要注意了，這很可能是你業績下滑的開始。良好的業績才能體現業務員的價值，在思考怎麼提高業績之前，先想一想該如何重新找回自己工作的熱情，只有這樣，你才能獲得足夠的動力，再次取得輝煌的業績。

那麼，如何才能找回曾經的工作熱情呢？

1. 調整心態，找回曾經的赤子之心

業務員要想在銷售事業上有所成就，找回對成功的渴望很重要；你應該儘快重新自我調整，試著找回赤子之心，回想剛開始擔任業務員時的那

股熱情和衝勁，讓自己的夢想再度起航。那應該如何找回那份赤子之心呢？

⭐ 與新業務員相處，感受充滿朝氣的氛圍

與他們在一起，融入這種充滿朝氣的氛圍，你一定也感覺回到了過去，精神振奮，重新找到了當年的感覺。

⭐ 翻看曾經的照片

翻看過去成功簽約或者拜訪客戶時的照片，看看自己精神抖擻、氣宇軒昂的樣子，對比一下現在的你，試著做出曾經的表情，回想曾經的情景，讓自己逐漸精神起來。

⭐ 拿出過往的榮譽

拿來以前做銷售時獲得的榮譽、談成的大單看一看，那是你曾經努力的象徵，看著閃亮的獎牌和證書，重溫那時的自己。深吸一口氣，你會發現渾身充滿了幹勁，那份赤子之心又慢慢從消沉中剝離而出。

2. 主動打破平淡的狀態

每天做著相似的拜訪，不斷地重複相同的產品介紹，你是否開始感到工作、生活越來越單調無趣？這種一成不變的日子絕對是個危險的信號，平淡的日子會使業務員失去工作的熱情，在工作中變得消沉、沒有靈感、思考緩慢，從而導致業績下降。如果你已經陷入這種狀態，一定要想辦法儘快改變，讓自己的生活變得豐富多彩起來。你可以參考下列幾個方式：

⭐ 多多關注社會上的新聞時事

透過電視、報紙、雜誌和網路等途徑多去了解那些熱門新聞，讓自己對社會和生活始終保有新鮮的認識。

⭐ 培養自己的藝術細胞

安排時間去看一些演出、聽聽音樂會，不但能放鬆心靈，讓單調的生活增加一份色彩，也能陶冶性情，使你更加活躍，對生活產生更多美好的感悟。

⭐ 培養自己的運動興趣

每天都去網球館、游泳館、健身房做做運動，培養自己的運動習慣，這會給你帶來活力，讓你精力充沛地面對每一件事。

⭐ 關注體育賽事

比如足球賽事英格蘭超級聯賽、歐洲超級盃等，籃球賽事 NBA、SBL 等，網球賽事溫網、澳網、美網等，這既是一種休閒方式，又能讓你在觀看體育競技的過程中使自己充滿動力。

3. 改變工作環境

面對相同的工作環境和工作內容，你可能感覺已經「膩了」。如果覺得目前的工作很難再激起你的工作熱情，那麼你不妨換個工作職位，如公司內部轉職……等，激發自己產生更多動力，如果覺得是公司本身侷限了自己的發展，也可以考慮跳槽，換個工作。

4. 制訂新一輪的目標和計畫

「溫水煮青蛙」是大家眾所周知的故事，它講的是「假如你把一隻青蛙放在一鍋冷水中，然後逐漸加溫，這隻青蛙最後必然難逃被燙死的命運」。每個工作職位也如同一個盛滿水的大鍋，當業務員自以為擁有了嫻熟的銷售技巧和固定的老客戶，工作開始得心應手時，其實就像是那隻青蛙一般，位置上那鍋水正在慢慢升溫而不自覺。所以，安逸舒適的環境和

得心應手的工作背後，其實是個人價值的荒廢和能力的退步。

當感覺工作進入得心應手的階段時，千萬不要輕忽，而是要更認真地做好眼前的事，並給自己制訂新的目標和可執行的工作計畫，增加危機感，重新使自己充滿幹勁。那在制訂目標時業務員應該注意哪些問題呢？

★ 目標要明確具體

你應該為自己制訂諸如「本月實現幾筆訂單」、「這週閱讀幾本進修的書籍」等詳細目標。

★ 目標要有組織性

目標必須有所關聯，能夠彼此推進，也就是說你制訂幾個目標，完成第一個目標後，可以接著實施第二個、第三個，相互之間聯繫緊密，全部完成後能使你獲得階段性的成績。

★ 目標要具有可行性

目標不僅要正確還要可行。也許你指定的目標很明確，也很有道理，但如果缺乏可行性，也沒有任何價值。

★ 制訂目標不能墨守成規

為自己制訂更高的目標才有助於激發潛力，你要敢於自我挑戰，這樣才能一步步自我超越，逐步挖掘自身價值。

◎ 要進步，首先要打破自己的銷售紀錄

一個人取得的成就大小，往往取決於他遇到的困難的程度，這就是跨欄定律。這個定律是一位名叫阿費德烈的外科醫生在解剖屍體時發現的，根據這一現象，我們也可以用來解釋生活中的許多現象，比如盲人的聽

覺、觸覺、嗅覺都要比一般人靈敏；失去雙臂的人平衡感更強，雙腳更靈巧。所有這一切都好像是上帝安排好的，如果你不缺少這些，你就無法得到它們。

而銷售也不例外，也存在著跨欄定律。接下來要講的這個故事可能很老，但是卻很經典。

霍華德是華盛頓一個小鄉村裡一家商場的王牌銷售員，這家商場因為有霍華德在，所以生意始終很好，一年之後，商場的規模大了一倍。但是霍華德並不滿足於這個銷售成就，他想成為一位偉大的銷售員，於是他毅然向老闆辭職，隻身來到紐約。

來到紐約之後，他進入一家百貨公司，老闆為了考核他的銷售能力，給了他一天的時間。這天結束之後，老闆問他：

「今天服務了多少客戶？」

「只有一個。」霍華德回答道。

「只有一個？」老闆生氣了，「那你的營業額是多少？」

「300,000 美元。」

「什麼？」老闆大吃一驚，「你讓一個客戶買了這麼多東西？你是怎麼做到的？」

「首先我賣給他一個魚鉤，然後賣給他魚竿和魚線。」霍華德說，「我問他在哪兒釣魚，他說在海濱，於是我建議他要有一艘小艇，所以他買了一艘二十英尺長的快艇。他說他的轎車無法帶走時，我又賣給他一輛福特小卡車。」

「你賣了這麼多東西給一位只想買一個魚鉤的客戶？」老闆驚訝地說。

「不！他只是為了治他妻子的頭痛來買一瓶阿司匹林的。我告訴他，治療夫人的頭痛，除了藥外，也可以透過適當地放鬆來緩解病症。週末到了，你可以帶她去釣魚。」

　　最終，霍華德終於實現了他的願望，他成為了一名成功的業務員。而他成功的原因是什麼？就是他每一次銷售成功後，都會為自己訂立下一次的銷售目標，而且每一次的銷售目標都比前一次更高。別人問他這是什麼原因的時候，他說：「每一次的目標都會為我提供一個方向，所以我每一天都要非常努力，要不然，月底我就實現不了我的銷售目標。」

　　是的，這就是跨欄定律，每一次成功之後，你就得為自己訂立下一次的目標，在這個過程中你遇到的困難越大，你的成功也就越大。

　　看到這裡，大家一定都會很想知道，究竟怎樣才能打破自己的銷售紀錄呢？讓我們來看看打破自己銷售紀錄的五步驟吧：

1. 尋找突破，改變自己

　　如果我們想要打破自己的銷售紀錄，就必須要有所改變。因為總是用同樣的技巧和方法來接待客戶，日復一日地重複同樣的工作，你很有可能會在這種狀態下，漸漸失去挑戰的念頭。所以，如果要讓自己變得強大起來，就需要做一些改變。你可以嘗試新的銷售技巧，可以嘗試新的工作計畫，甚至可以改變你的穿衣風格，不時做出一些變化，會給你的工作帶來新的動力。

2. 努力進步，找到「No. 1」

要想打破自己的銷售紀錄，就必須要求自己能夠熟練運用各種銷售技巧。當然，這些銷售技巧並不難，只要你用心在公司裡好好觀察，就能發現其他業務員擅長的銷售技巧，向他們學習。當然，你學的是適合他們的銷售技巧，若想讓這些技巧也套用在自己身上，就需要針對自己的特點進行一番改進；只有不斷地學習，才能進一步完善自己，找到自己的方式。

3. 獎勵自己，保持熱情

惰性是人的本能。我們為什麼會產生惰性呢？因為在打破自己銷售紀錄的過程中勢必會付出很多代價，這些代價可能會讓我們很辛苦，近而產生惰性。

所以，既然定下了打破紀錄的目標，就要馬上去做，將眼前的困難個個擊破，取得最後的勝利。為了讓自己始終保持足夠的熱情，可以在每克服一個困難後適當地給自己一些獎勵，這樣就能以更充足的熱情投入到下一輪戰鬥中去。

4. 留其精華，去其糟粕

不論是在同行那裡學到的知識，還是自己得來的經驗，都需要靜下心來分析一下，哪些是有用的，哪些是毫無用處的，這樣就能針對性地找到最適合自己的方法。

5. 不拋棄，不放棄

其實業務員和運動員一樣，都可以分為兩種：一種是創造紀錄，然後終生以此為傲，再也沒有任何進步；另一種是不斷地打破紀錄。而我們都

應該選擇第二種，不斷打破自己的紀錄，這樣你的職業生涯才會充滿活力和熱情；若沉溺於昨天的成績，就永遠不會有進步。不拋棄追求，不放棄努力，才能令業績節節攀升，成為一位優秀的業務員。

從理論上來說，人的潛力是無限的，也就是說我們總能比上次做得好一點。我們的銷售目標要一次比一次定得高一點，每實現一個目標時，都不能讓喜悅阻礙了前進的步伐，要繼續樹立更高的目標。

3 從第一印象下手， 要贏就贏在起跑點之上

林肯當了美國總統後，他的朋友為他介紹一個人，說這個人頭腦靈活、反應敏捷，足以做為親信幕僚。於是林肯接見了那個人，但會面之後，林肯並沒有錄用那個人。

他的朋友覺得非常奇怪，就問林肯：「他有什麼問題嗎？你為何沒有錄用他？」林肯回答：「我不喜歡他的臉。」朋友很訝異：「你身為總統，豈可以貌取人！」林肯說：「告訴你，一個人活到四十歲，就應該對自己的外在負起責任。」

雖然林肯以貌取人值得探討，但我們卻不能忽視第一印象所形成的巨大影響，無論外在和內在，我們都應該格外注重。當我們初次與人交往留給對方的印象稱為第一印象，而在人際交往中，第一印象往往帶來重要的影響；第一印象之所以重要，就是因為它沒有重新來過的機會，我們常聽到：「壞就壞在沒有給對方留下好的第一印象。」第一印象一旦形成，要改變它就不是那麼容易，在現實生活中，它常常影響著我們對他人的評價和看法。有心理學家研究發現，短短七秒鐘的第一印象可以保持七年之久，可見其強大的力量。

而作為業務員，客戶對你第一印象的好壞直接影響著你之後的銷售工作能否順利進行。成功學大師戴爾‧卡內基（Dale Carnegie）在《怎樣

贏得朋友，怎樣影響別人》一書中，總結出給人留下良好第一印象的幾個秘訣：

★ 發自內心地對別人感興趣

★ 讓別人感到他自己很重要

★ 談論別人感興趣的話題

★ 耐心聆聽，鼓勵別人談論他們自己

★ 多提對方的名字

★ 保持微笑

第一印象可以從兩個地方進行評價，可能同時具備，也可能「先入為主」。一為外表，其包括個人的容貌、穿著、表情姿態、言談舉止等外觀上的表現；二為見面前所獲得的間接資料，包含透過別人的描述，以及書面的介紹……等等，若在無間接資料的情況下，就全憑外表形成第一印象。而現今社會的步調越來越快，當我們拜訪客戶的時候，他們不可能花太多的時間來瞭解我們，所以，可以說 95% 的客戶都是透過短暫的接觸來進行判斷。

不管你願不願意，第一印象都可能會在以後的決策中發揮主導作用，就如心理學當中所說的首因效應。

本質上是一種優先效應，不同的信息結合在一起的時候，人們總是較重視前面的信息。即使試著重視後面接收的信息，內心也會直覺地認為後面的信息是非本質的、屬偶然；即使後面的信息與前面的信息不一致，也會屈從於前面的信息，形成整體一致的印象。

那麼，我們怎樣做才能給客戶留下良好的第一印象呢？

1. 合宜的衣著

在銷售行業流行一句話，那就是：若要成為一名出色的業務員，就應先以整潔得體的服飾來裝扮自己，這也是對客戶的尊重。由此可見衣著對銷售有多麼重要。對於業務員來說，怎樣的衣著才算得體呢？

⭐ 男女業務員著裝要點

男業務員在正式的場合下應穿西裝，女業務員可以穿長褲或長裙。

⭐ 避免穿著顯眼的高級服飾

否則容易讓客戶產生錯誤的評斷，即業務員穿得那麼高級，那他銷售的產品一定很賺錢，產品價格一定也貴得不合理。一旦讓客戶產生這樣的想法，你就會處於被動，處於劣勢。

⭐ 不要穿得太隨便

男性領帶不宜太花俏，女性不要穿太緊身的衣服或超短裙。

⭐ 避免不修邊幅

平時業務員不一定要西裝革履，但穿著一定要整潔大方，給人一種誠實可靠的感覺。

2. 得體的禮節

銷售禮節是指業務員在銷售過程中應遵循的行為規範和準則，它指導並協調業務員在銷售過程中，表現出有利於處理客戶關係的言行舉止。業務員要把得體的銷售禮節當作一種習慣，如此，無論是拜訪客戶還是銷售談判都會加倍順利。

⭐ 服務的禮節

不能擅自進入客戶的住宅或是公司，必須得到客戶或相關人員的允許

後，才可進入。會面時，遇到和客戶有關的任何人，無論認識與否，業務員都應該主動打招呼；如果客戶不能馬上接待，業務員那在等待的過程中一定要心平氣和，切忌急躁或不耐煩；如果對方沒有說「請隨便參觀」之類的話，那麼你最好安靜地等待；如果等待時間過長，可以向相關人員說明情況，再另作約定拜訪。

⭐ 電話溝通的禮節

電話鈴響不能超過三聲，業務員在打電話或接電話時，要注意禮貌用語，如「您好」、「早安」、「謝謝」等問候語，語氣要柔和平穩，顯示出良好的修養，儘量避免打斷對方的講話；接電話時，如對方找人，要禮貌待之，這是維護和塑造企業良好聲譽和形象的需要。

⭐ 交談禮節

業務員在與客戶談話時要注意自己的音量，聲音太小，讓人聽不清楚，聲音太大，則讓人覺得吵雜；要避免口頭禪，避免發音出錯，講話速度也要有所拿捏；講話時不要用手指著客戶，不要亂揮舞拳頭，這樣會讓客戶非常反感，這是極為不禮貌的行為。

⭐ 拜訪的禮節

見到客戶時，業務員要用親切的語氣向客戶打招呼問候，告知公司名稱及自己姓名並將名片雙手遞上，交換名片後，對客戶同意見面表達謝意。比如：「這是我的名片，謝謝您能抽出寶貴時間讓我拜訪您！」

不拘小節的直率行為並不適用於與客戶的溝通中，這樣會讓客戶感覺不舒服，當然更不會接受你銷售的產品。不論是面對初次見面的新客戶，還是面對已經多次合作過的老客戶，都要在交談、拜訪、打電話、服務等

多個細節上把握好分寸，注重禮節。

3. 得體的儀容

我們在與客戶交流的時候，視線焦點要放在對方的臉上，藉由臉部表情的變化得到許多資訊，同樣地，我們的臉部表情變化也是客戶最關注的。所以，儀容也是業務員需要注意的一個重要環節。當然，長相是我們與生俱來的，沒有辦法改變美醜，但如果我們懂得修飾儀容，即使不出眾也能給客戶留下良好的印象。那如何整理自己的儀容，才能與客戶在對談中贏得好感呢？

⭐ 女性業務員的髮飾、飾品不應該過於華麗，以小巧、精緻為宜

珠光寶氣不會提升你的氣質，只會讓你顯得庸俗。在妝容方面也應該以淡雅、清新為宜，不可濃妝豔抹、過多的胭脂水粉，反而讓客戶反感造成反效果。

⭐ 業務員的頭髮以清爽為佳

男性業務員的頭髮不宜過長，當然也不能過短，髮型也不要太前衛，髮色以黑色為第一優先。女性業務員的髮型也應該以中庸為原則，不能頂著怪異的髮型去拜訪客戶。

⭐ 臉部細節要注意

適時修剪鼻毛，不應讓鼻毛露出鼻孔；牙齒要刷乾淨，注意不能有口臭或食物的異味；眼角絕對不能有眼屎，也不能帶墨鏡和變色眼鏡，只有讓客戶看到你的眼睛，看到你的真誠，他才會對你產生信任。

讓客戶感受到你的真誠

打招呼是人們日常交際中最常用的禮節，一聲小小的招呼，能拉近雙方之間的距離。回想一下，當有人主動向你打招呼的時候，你是不是覺得心情愉悅？因為你感受到對方對你的尊重和關懷。同樣地，當你主動與別人打招呼時，對方也會有相同的感受。因此，業務員若想在業內結識更多的人，讓自己更受歡迎，就要主動和別人打招呼，而不是被動等待。

小麗是一位剛剛應徵到職的電腦銷售員，迫切地需要做出自己的業績。有一天，一位顧客來到店內挑選電腦，剛進門，小麗便主動上前打招呼接待，向他介紹各種型號的電腦，可那位顧客看了店裡所有的電腦之後，沒有看中任何一款，準備離開。

這時，小麗主動對他說：「先生，我可以幫助您挑選到您最滿意的電腦，我是這裡的銷售員，但我也很熟悉附近其他的電腦直營店，我願意陪你一起去挑選，還可以幫你談到合適的價格。」

這位顧客同意了小麗的請求，小麗帶著他來到了別的店家。但那位顧客把所有店家都看了一遍，還是沒有挑選到他自己最滿意的電腦。

最後，那位顧客對小麗說：「我還是決定買你的電腦。老實說，我決定買你的電腦並不是你的電腦比其他店裡的好，而是你主動、熱情的精神感動了我。到目前為止，我還沒有享受過這種賓至如歸的服務。」結果，那位顧客不僅從小麗那裡買了好幾台電腦，而且還在他的朋友圈內為小麗免費做宣傳，介紹了很多客戶到小麗的店內來買電腦。

　　主動打招呼最能夠感化他人的心房，在對待客戶的時候尤為重要。在銷售過程中，待人接物更要保持主動，主動會使人感到親切、自然，從而縮短你與對方的感情距離，創造出良好的交流思想、情感的環境。相反，如果業務員在和客戶接觸的時候，表現出那種愛理不理的態度，又怎能讓客戶喜歡，如何有興趣聽你講下去呢？

　　其實招呼語只是一種獨特的語言表達方式，它的意義在於說話本身，而不在於說的是什麼話。例如美國人的「Hi」最能說明這個問題，它只是一個聲音但沒有任何含義。至於我們的招呼語除了吃的話題外，最常聽到的還有天氣如何、工作還好嗎、身體狀況如何……等等。

　　實際上，在打招呼時人們並不是想談吃飯、談天氣、談工作、談身體，只要是說上話，便達到目的。那是什麼目的呢？禮節的目的，是要表明承認對方的存在，打招呼其實並不難，難的是恰到好處且大方得體。在社會交往中，一般業務員主動與人打招呼時，他們都會欣然接受，而不會拒你於千里之外。也只有這樣，才能夠在業內有更大的發展空間。

精心準備，才能見到你想見的人

　　俗話說：「機會是留給有準備的人。」無論做什麼事情都要提前做好準備，業務員尤其如此。沒有準備的銷售是盲目的，除外表之外，在與客戶的接觸時，你也要盡可能地多瞭解客戶的喜好、習慣、需求等資訊，替自己爭取在短時間內取得客戶的好感和信任；而業務員在拜訪客戶前又該做什麼樣的準備呢？

1. 尋找潛在客戶

拜訪客戶最基本的條件是什麼？首先當然是要有客戶。如果業務員僅依靠漫無目的地毯式的搜尋和陌生拜訪，既浪費時間和精力又沒有效率。以下幾種尋找客戶的方法幫你解決沒有客戶拜訪的問題：

★陌生人也可能是你的客戶

★直接郵寄

★利用網路

★電話

★社交場所

★網路社群平台

★免費的課程講座

2. 先瞭解客戶情況，再計畫拜訪內容

拜訪客戶前，要對客戶做詳細瞭解，且一定要花最多的精力準備這個環節。主要應該包括：

⭐ 瞭解客戶基本資料

對被拜訪者的背景和性格、興趣愛好、職權範圍要有一定的瞭解。

⭐ 瞭解客戶購買情況

瞭解客戶購買同類產品的記錄，是否有其他公司的業務員與其接觸。

⭐ 搜集資料，準備話題

搜集各種對自己有利的資料，準備好交談的話題，對於對方的詢問和殺價要有對策，心中有數。

掌握這些資訊是非常重要的，業務員可以從這些資訊找到與客戶交談的切入點，分析客戶的需求，贏得客戶的信任與好感。

3. 使用恰當的銷售工具

要想成為一名優秀的業務員，不能只靠產品說話，還要恰當地利用銷售工具激發客戶的好奇心，引起他們的購買欲望。有哪些工具是值得業務員使用呢？

⭐ 利用名片的宣傳作用

名片雖然只是一張小小的紙片，但對於客戶來說就是自己的象徵，遞給客戶名片的時候也就是在做自我介紹。一張設計獨特的名片會給客戶留下深刻的印象。

⭐ 準備好筆記本和筆，以便在拜訪過程中做記錄

準備好推銷道具和產品樣品，並在拜訪客戶之前，詳細檢查你的銷售道具，確保它們沒有存在錯誤。

⭐ 安排好拜訪路線

事先安排拜訪路線，可以節省掉很多通勤時間，讓你提前或準時到達。因遲到造成的歉疚會讓你與對方一見面就處於劣勢，如果實在不能準時到達，要先給對方打電話說明理由，這比遲到後再道歉更容易取得對方的諒解。

業務員要想見到自己想見到的人，就必須在正式會面前做足準備，才能靈活自如地應對銷售中的各種突發狀況，也能給對方一個準備的時間，贏得銷售的成功。

做好準備，不打無準備之仗

俗話說「磨刀不誤砍柴工」，在銷售之前，只有我們準備好一切，才能在面對客戶時從容自在，把有用的資訊介紹給客戶；而且不論客戶提出什麼問題，我們都能對答如流。那麼，除前一節所介紹，業務員還應該做好哪些準備呢？

1. 詳細地調研市場

在約見客戶之前，事先詳細地調查市場情況，才能準確制訂銷售策略。因此，在與客戶見面前，對市場情況的調查也是必須要做的一項準備活動。

⭐ 瞭解行業狀況

每種產品都歸屬於不同行業，透過區域內的行業調查，業務員可以清楚地知道客戶的重點分佈區域，便於我們制訂拜訪計畫。

⭐ 清楚地瞭解競爭對手的情況

例如：在區域內有多少個品牌的同類產品？你的產品在眾多同類產品中有什麼優勢？你的服務是最好的嗎？如果不是，差距在哪裡？如何向客戶介紹這種差距？你的產品與同類產品相比價格如何？客戶對其他品牌的態度怎樣？知道了這些問題，就可以對症下藥，找到說服客戶成交的制勝點。

⭐ 瞭解自身的情況

包括我們所在公司的狀況、產品的狀況、市場策略等，這些對我們制訂銷售策略都會產生一定的影響。

2. 找準客戶定位

在向客戶推銷之前，一定要明確的知道目標群體，也就是要知道誰最需要我們的產品，有了這個基本的定位後，成交的機率會大大提升。如果不搞清楚這一點，會令你像一隻無頭蒼蠅到處亂飛，不但浪費時間，也很難找到真正有需求的客戶。究竟怎樣的客戶才是我們的目標群體呢？他至少要滿足以下三個條件：

⭐ 必須具有購買企圖

只要稍加誘導，有購買企圖的客戶就會下定決心購買。而客戶沒有購買企圖時，業務員就必須採取各種方法製造購買需求，如：利用產品的效果、使用期限、售後服務等吸引客戶；利用客戶關注其品牌的崇尚心理吸引客戶；利用產品的審美效果吸引客戶等。

⭐ 必須具有購買能力

由於人們的收入不同，購買能力也有差別。比如人們都喜歡高檔的消費品，但是一般薪資階層沒有能力購買，他不能成為你的目標客戶。所以你應該把目標客戶鎖定在那些老闆和白領身上。

⭐ 必須有決策權

羅伯特・馬格南有一句名言：「如果你想把產品賣出去，就得去和有購買決策權的人進行談判，否則你就會徒勞無功。」因此，若想要實現銷售，你最好找到具有決策權的購買者。具有決策權的客戶並不難發現，通常職位較高的客戶就是擁有決策權的客戶。

3. 擬訂拜訪計畫

在拜訪客戶之前，最好擬訂一個詳細的拜訪計畫，這樣才能提高行動

的效率。或許有人會說：「計畫不如變化，一旦情況發生變化，那麼拜訪計畫將不能發揮任何作用。」當然，在拜訪客戶的時候會有許多不確定性，但是專業的業務員會在制訂計畫的時候考慮到種種變化並體現在計畫中，隨時應變。

4. 一鳴驚人的開場白

好的開始等於成功的一半。一段精彩的開場白，不但可以引起客戶的重視，還能引起客戶對你接下來的言談舉止產生興趣。「先生，您需要……嗎？」這種千篇一律、平淡無奇的開場白十之八九會遭到拒絕。所以在與客戶交談之初，需要有一個吸引對方注意力的開場白，才能引起客戶的興趣，使客戶樂於與自己繼續交談下去。那怎樣的開場白才能稱為好的開場白呢？

⭐ 開場白要全面

一般來說，一個好的開場白應該包括幾個主要的內容，如：業務員的自我介紹和公司介紹；產品的介紹；確認客戶時間的可行性，認真詢問客戶的需求，讓他感覺到自己受到重視。

⭐ 開場白要有創意

客戶每天要會面許多業務員，千篇一律的開場白讓人感到厭煩。一個有創意的開場白能給客戶帶來驚喜且加深印象。要想說出一個有創意的開場白，可以參考以下幾點：事先準備好與銷售有關的幽默話題、發現客戶優點，並對其進行讚美，用問題引起客戶的注意和興趣。

**能量
補給站**

在日本，家庭主婦上午多忙於打掃與洗衣服，這時候，她們多半不歡迎推銷員打擾，而有空閒應付推銷員的時間大約是下午四點鐘，然而這時卻是嬰兒午睡的時間。

大吉保險公司的川木先生只要看到某戶人家曬著尿布，就不會輕易按門鈴，只會輕輕敲門，以示訪問之意。當主婦前來開門時，他會用最小的聲音向一臉疑惑的女主人說：「寶寶正在睡午覺吧？我是大吉保險公司的川木先生，請多指教。四點多的時候，我會再來拜訪一次。」

這種細心的舉動能打動每一位女主人的心，她們不是立即邀請川木先生進來坐，就是在他重新來訪時熱情接待。

「機會總是留給有準備的頭腦」，只有時刻準備著，才能在機會降臨時緊緊把握住。作為業務員，也應該在與客戶會面之前就整理好各種產品知識、行業知識、客戶知識，這樣才能夠做到萬無一失。

銷售產品前先銷售自己

喬·吉拉德（Joe Girard）曾說：「推銷的要點是：你不是在推銷商品，而在推銷你自己。」這句話中肯地說出了銷售的真諦。銷售產品前要先銷售自己，只有你讓客戶滿意了，客戶才有可能接受你的產品。

所以，有經驗的業務員總是先取得客戶的信任之後才開始介紹自己的產品，進而實現交易，這就是銷售產品前先銷售自己的具體表現。那麼，怎樣才能讓客戶在看到產品前就先喜歡上你呢？

1. 做一名有魅力的業務員

一個有魅力的業務員不但受到客戶的歡迎，也會受到同事的喜歡，上司的賞識。業務是與人打交道的職業，你需要展現自身魅力主動尋找客戶，瞭解他們的需求、興趣，與他們有效溝通，最後實現成交。如果一切順利，這可謂是一個完美的銷售過程，在這過程中，你的魅力會感染每一個人。若想成為一名有魅力的業務員，以下幾點是你必須具備的：

⭐ 人格魅力

人格魅力對於業務員來說至關重要，這其中包括：富有熱情、性格開朗、堅毅、寬容待人、有幽默感、忍耐力強。業務員可以對照自身查漏補缺，提高這幾項的魅力值，增添成功銷售的機會。

⭐ 形象魅力

形象魅力也是不可忽略的關鍵，這其中包括：儀態良好、舉止得當、表達力強、有親和力。你的形象就是給客戶留下深刻印象的武器，希望每個人都學會有效利用。

⭐ 微笑魅力

微笑點頭，幾乎是業務員與客戶溝通時的必需工具，當然也是你最好的肢體語言。真正的微笑是發自內心、毫無包裝、不矯揉造作的，只有這樣的微笑才有感染力，才能成為打開客戶「心靈」的鑰匙。

日本著名企業家松下幸之助曾經說過：「在營業拓展上，遇到最多困難的可能是銷售。在生產製造上，容易有新的發明和發現，然而在銷售上，卻難得有特別的妙策出現。那麼在少有妙策的銷售中，能發揮特色，促使銷售成功的秘訣是什麼呢？我認為依賴於彼此的誠心誠意，此人的言語、

態度上自然會現出某種感人的東西，銷售能力也會隨之提高。」松下所說的「某種感人的東西」，實際上就是業務員優質服務的魅力。

2. 展現你的優勢

俗話說技多不壓身，如果業務員能在掌握好產品知識的同時，懂得向客戶展現自己的優勢，用獨特的魅力吸引客戶的注意，往往能為自己的銷售加分；因為你可以向客戶說明，解決更多、更複雜的問題。比如一名電腦銷售員，如果能掌握一些電腦維修知識就會贏得客戶的青睞，業績自然會相應提高。

你如果沒有自己的愛好，每天只以家庭和工作為中心，久而久之就會疲憊不堪，甚至失去自我。所以你應該培養自己的興趣，不管是旅遊、唱歌、畫畫還是什麼，培養另一個生活重心，你的人生會變得更有樂趣，也能以更積極的姿態面對工作。

3. 採用客戶可以接受的談話方式

口才在現代社會中發揮著越來越重要的作用，一個人想要取得成功，離不開好口才，銷售工作亦是如此。不知道你有沒有這樣的體會：雖然內容和意思相差無幾，但由於說法不同，產生的效果就會大相逕庭。有的讓人覺得親切，容易接受；有的卻讓人覺得生硬無趣。說話方式的不同會帶給客戶截然不同的感受。如果你想要打開與客戶溝通的大門，在融洽的談話中實現成交，就必須採取客戶可以接受的談話方式。

⭐ **業務員在與客戶交談時，可以聊一些客戶的職業、家庭等**

有時候，話家常能夠拉近你與客戶之間的距離。但值得注意的是，你們的話題最好不要涉及客戶的個人隱私，否則效果將會適得其反。

✪ 多講故事

每個人都喜歡聽新奇的故事，也願意與朋友話家常。所以在與客戶交談時，可以講一些有趣的故事或者新聞時事。

✪ 使用生動形象的語言

如果業務員能生動活潑的表達，具體地把產品的優點展示給客戶，就會大大增加成交率。新穎活潑的話語，容易勾勒出產品的相關資訊並易於被客戶記住，也更能俘獲客戶的心。

✪ 簡潔的語言最容易讓人理解

在與客戶溝通時，業務員應該盡可能用最短的時間，簡單明瞭地把重要的資訊傳達給客戶，針對不同客戶依照其不同的需要，將產品有效的資訊用最簡潔的方式表達出來，放慢語速，甚至停頓，讓客戶知道哪些介紹是重點。

說話時凝視對方的眼睛，大大方方，才能表現出你的內在風采。如果在與客戶交談時不能平視對方的眼睛，視線太低，難免讓人感覺被輕視，視線太高，又讓你顯得過於傲慢。

與不同的客戶談話時，都應該選擇適合對方的談話方式，盡快與客戶建立起良好的談話氛圍，從而順利取得交易。

讓自己看起來就是個超級業務員

　　如何才能成功打動客戶呢？那就是你知道的永遠要比客戶多。一般人總喜歡聽自己不知道的事情，聽自己沒經歷過的故事；而對於銷售工作也是如此，市場上同質商品百百種，你要如何成功打動客戶？就是要讓他們知道你的產品特點，且不同於以往其他的產品，所以業務員在對客戶進行推銷時，要比他們更了解這部分的資訊，產品內容不在話下，加強自己的能力，市場的動態你更要能隨時掌握，展現出商品符合市場趨勢，也讓客戶知道你跟著潮流脈動在走，跟著你買準沒錯。

能量補給站

　　安娜一家出版社的業務員，她主要是銷售外語光碟。一次，她向一位客戶推銷一套《30天內必能說流利英語》的光碟。安娜在銷售的過程中把自己的產品誇得天花亂墜，但是說了半天卻沒有引起客戶的興趣。不死心的她，繼續遊說客戶購買光碟。這時客戶有些不耐煩了，他對安娜說：「如果你能把你剛才說的話用英語重複一遍，我就購買你的英語光碟。」安娜頓時傻眼了，如果用英語進行簡單交流自己也許應付得來，但是怎麼可能用英語說出自己剛才所說產品介紹呢？自己推銷的產品是讓人在短期內說一口流利的英語，可業務員自己卻說不出流利的英語，怎麼能讓客戶相信，又怎麼能說服客戶購買呢？

　　經過這件事，安娜開始反思。她意識到，要想成為一名優秀的業務員，首先要讓自己看起來很棒。業務員必須對自己的產品有足夠的把握，對於安娜來說，要說服客戶買光碟，自己就應該可以說一口流利的英語，這樣才能讓客戶信服。於是，安娜自己先買了一套光碟，並且下苦工夫認真學習，很快她就成為了英語會話高手。除此之外，她還學習了日語、韓語，並積極地瞭解行業最新的發展狀況，從中發現自己的產品優勢，在眾多的產品中展示自己的特點。

從此以後,安娜得到了許多客戶的肯定,與她接觸過的客戶都說她很棒。她很快就因為出色的表現而提升為業務主管。

安娜的故事讓我們深受啟發,誇誇其談的業務員往往得不到客戶的青睞,只有那些具有深厚業務水準和高超職業技巧的業務員才會取得客戶的信任。所以,只有加強自己的職業技能,讓客戶第一眼看到你,就覺得你是一名超級業務員,這樣他們才會被你所感染,從而產生購買的欲望。

1. 成竹在胸的產品知識

對自己的產品知識有充分的瞭解是業務員必須具備的基本素質。因此,我們對自己所銷售的產品要有完整的認知,並將它們傳達給客戶。

★ 清楚產品的技術及特色。比如:產品的材料、性能、規格、操作方式等。

★ 知道自己的產品與其他同類產品的不同之處及產品的優勢。這樣,利用自己產品與其他同類產品的優勢吸引客戶,才能打動客戶,順利出售產品。

★ 知道競爭對手的產品。如果我們能搞清楚競爭對手的產品特點和價格,就能在談判中佔據一定的優勢。當客戶誇大另一種產品的優點或者受到競爭對手的吸引時,你就能夠判斷客戶是不是說了謊話或者出了什麼差錯,這樣就可以掌握談判的主動權,控制談判的節奏。

2. 專家型業務員的風度

拋開業務員的身份，我們作為一個普通的社會人，需要各式各樣的產品來滿足衣食住行等方面的需求。可是我們不可能精通每一個行業、每一種產品，這時，就需要業務員的建議。所以說，如果業務員能根據客戶的具體情況給出合理的建議，那麼業務員的角色定位不僅僅是業務員，更是客戶的產品顧問。若要想成為客戶的產品顧問，你就應該根據產品，為客戶解決一些問題。

成為客戶的產品顧問並不只是把產品賣出去那麼簡單，還要讓你的產品最大限度地為客戶提供服務，讓客戶感覺到物超所值。如何理解這句話呢？我們不妨看看下面這個故事：

一間餐廳的老闆有兩個徒弟，在老闆要退休的時候把餐廳交給二徒弟打理。大徒弟得知消息之後很不服氣地問師傅說：「師傅，我覺得自己比師弟更有資歷，為什麼您要把餐廳交給師弟打理？」

老闆並沒有解釋，而是把兩個徒弟都叫到跟前，讓他們去市場看看馬鈴薯和番茄的價格。過了一會兒，大徒弟回來了，對師傅說：「馬鈴薯五毛錢，番茄八毛錢。」老闆只是笑了笑，沒有說話。過了一會兒，二徒弟也回來了，他對師傅說：「我看了一下，城南市場的蔬菜要比城北市場的普遍便宜一毛錢，而且比城北市場的要新鮮。我看到我們廚房的馬鈴薯已經快沒有了，就帶來了一位菜農，他的馬鈴薯品質好而且便宜，已經在門口等著了，請師傅去看看。」

老闆對於二徒弟依然沒有做任何評價，但是大徒弟聽到二徒弟的一番話後自愧不如，對師傅把餐廳交給師弟打理的決定心服口服。

其實，做業務員也要像故事中的二徒弟一樣，懂得給客戶最適合的建議。套用大文學家韓愈的一句話：「授之以魚，不如授之以漁。」業務員不僅要幫客戶解決問題，也要交給客戶解決問題的方法。

3. 主動出擊的勇氣

美國總統華盛頓（Washington）說過：「從你現在站的地方出發，做你現在能做的事情，幹出些事情來，永不滿足。」若想要取得成功，就需要有主動出擊的勇氣。當今時代，各式各樣的同類產品讓客戶眼花繚亂，每天都有很多人加入到銷售隊伍。如果我們只是等待客戶找上門來，那麼將永遠不能取得成功，要想在銷售行業中站穩自己的腳跟，我們必須去尋找、挖掘客戶。

你還在為沒有業績而苦惱嗎？你現在需要做的是從苦惱中走出來，離開你的辦公桌，走到客戶面前，用自己和產品的魅力去征服他們。

Chapter 4 魔鬼藏在細節中，聽懂客戶到底說甚麼

專心聆聽不但讓對方感覺備受尊重，也能讓溝通的過程更為順利。溝通是雙向的，如果你不能專心的聆聽，那對方也不會願意好好說，傳達真正的意思。若想了解對方想表達的意思，並達成有效的溝通，那你就要用心聆聽，將整個注意力放在對話的過程上，更聽出料想不到的結果。

能量
補給站

史密斯是一家大公司的總裁，他們要購買一套電腦系統，約翰是其中一家電腦公司的業務員，為了贏得這份大合約，他先後跟史密斯會談了幾十次，還多次進行了電話溝通與產品展示，以及頻繁的談判與餐敘。

由於約翰的聽力較差，每次他和史密斯進行會談時，為了聽清楚，必須全神貫注地去傾聽和觀察，判別史密斯的嘴形，從而得知對方在說什麼。一般在與史密斯洽談時，他都坐在椅子的外緣上，身體也儘量向前傾，這樣才能夠更方便注意史密斯的嘴形。而約翰這種不經意的動作與表情，在無形中給了史密斯這樣一個感覺：對方非常耐心認真地傾聽自己的談話，他對我談話很感興趣，也很尊重我。

由於需要使用全部的注意力來觀察史密斯的嘴形，所以約翰不能分心，就算電話鈴響或者對方的秘書進來──他的眼睛都始終沒離開過史密斯的臉。即使是在做筆記時，約翰的眼睛也不時地在看著對方。

　　就這樣，在整個推銷過程中，只要和史密斯談話，約翰都從不分神，長久下來，約翰讓史密斯先生覺得自己是世界上最重要的人，強烈地滿足了他的自尊心。可想而知，最終約翰成功談下了這筆訂單。

　　在簽完合約後，約翰下定決心要改善聽力。於是他買了一套助聽器。當他戴上助聽器，再一次去拜訪史密斯的時候，情況卻發生了變化。

　　當他和史密斯在辦公室交談時，由於戴上了助聽器，所以不再需要坐到椅子邊上，身體也不必向前傾了，他就靠在椅子背上，拿出筆記本問道：「系統使用得怎麼樣？」史密斯開始講系統的使用情況，突然秘書進來了，不自覺地，約翰一邊聽史密斯講，一邊不時地各處看看，因為他再也不用專注的盯著史密斯的臉，就能聽見他在說什麼。「這可真棒！」他心想，他能一邊聽，一邊隨意地到處看看。

　　十幾分鐘之後，史密斯突然停下話題，約翰當時正一邊聽他說話，一邊望著窗外的風景。

　　「約翰！」史密斯提高嗓門叫著。

　　「什麼事？」約翰一邊回答，一邊收回視線看著他。

　　「我要你把那玩意兒取下來。」

　　「把什麼取下來？」約翰不解地問。

　　「你的助聽器。」

　　約翰一臉疑惑：「為什麼？」

　　「因為我覺得你現在完全不在乎我了。我喜歡以前那樣——你坐在椅子邊上，身體前傾，時時注意著我的一舉一動，那讓我感覺受到重視。而現在，你跟我說話時東張西望，好像眼裡根本沒有我。我知道你沒有這樣想，但我還是請你取下助聽器。」

　　約翰突然也明白了問題所在，就取下助聽器並放回盒子裡，像以前一樣，坐在椅子邊上傾聽他談話，全神貫注看著他；就連做筆記時，也不把視線移開一點，而史密斯的臉上又重新露出了滿意的笑容。

可見，在客戶眼中，業務員的聆聽多麼重要；世界上最好的恭維，就是在對方說話時能用心聆聽，悉心關注。每個客戶都渴望被重視，希望自己的要求能夠得到滿足。因此對業務員來說，聆聽非常重要，在與客戶溝通時，用心聆聽客戶的聲音，才能讓溝通更加順暢。業務員在與客戶溝通中用心聆聽，是對客戶最好的恭維，對成功銷售有巨大的助力。

業務員用心聆聽	用心聆聽會讓客戶感覺受到尊重，反過來客戶也會尊重你。
	從客戶的表達中，業務員可以瞭解客戶的需求，也能瞭解客戶的心理，從而實現有效的溝通。
	聆聽客戶聲音可以挖掘自己與客戶的共同興趣，積極尋求與客戶的相似點，讓客戶對自己產生親切感。
	透過聆聽，瞭解客戶的情況後，業務員再有針對性地向其介紹適合的產品和服務，這樣，客戶更容易接受。

那麼，在用心聆聽客戶說話的過程中，業務員應該注意哪些細節呢？

1. 把注意力都集中在客戶身上

聆聽客戶說話時，要面向客戶，身體前傾，把目光集中在客戶的臉部，尤其是眼睛和嘴巴上，讓對方感覺到你在意他所說的每一句話、每一個字。且對客戶所說的，表現出極大的興趣，這不僅是對他的尊重，也能夠感染到他。

在聆聽時，業務員要表現得很感興趣，與客戶保持目光接觸，並隨著對方的話語適當地給予回應。讓客戶感覺到你真誠的態度，他才會信任你，願意與你交流。

2. 不要打斷客戶講話

每個業務員都要知道什麼時候該說，什麼時候不該說。尤其是在客戶說話時，一定不能打斷客戶。只有客戶對你有了一定的信任，才願意與你講話，他們希望得到重視和迎合；如果你魯莽地打斷客戶的思路，他們就會覺得很掃興，產生不快的情緒，從而不願如實地說出自己的想法。

3. 不要假裝聆聽

聆聽是每一位業務員都必須具備的素質，若用敷衍的態度聆聽客戶講話只會讓客戶反感。唯有尊重客戶，用心瞭解他們真正的需求才會贏得客戶的好感，使合作取得成功。

4. 不要急於對客戶的觀點下結論

很多人在和客戶溝通時，剛聽客戶說了幾句話，就認為自己已經對客戶瞭若指掌，急於向客戶推銷產品。這樣盲目地對客戶下結論很容易把客戶嚇跑，過猶不及。

業務員一定要耐住自己的性子，聽完客戶的想法和需求，不要對客戶進行毫無根據的猜測。唯有你走入客戶的心中，抓住客戶的心理，客戶才願意購買你的產品。

5. 聽完客戶的觀點後，要及時核實自己的理解

聽完客戶的表達後，用自己的話簡潔地整理出客戶的意思，可以讓客戶知道你認真聽完了他所說的話，並明白他的意思。這不僅給客戶一種善解人意的感覺，更提升客戶對你的好感，還能確認自己對客戶的認識，更理解客戶的需求。

6. 不僅要聽，還要思考

你要學會從客戶的話語中分析他的心理，善於觀察客戶語句背後的真正含義，從聽到的資訊中思考出客戶想說但是沒有說出來的話。不管客戶的反應是稱讚還是抱怨，業務員都要做出及時的回應和準確的應對。及時地表示對客戶的關心和重視，這樣才能贏得客戶的好感，得到豐厚的回報。

豎起耳朵，聽出客戶的弦外之音

在銷售工作中，儘管業務員與客戶溝通得很順暢，傾聽他們的心聲、關注他們的興趣、瞭解他們的困難，做到「以情動人」；但有時客戶卻依然心存顧慮，遲遲不肯表達自己真實的想法，或者不明確表達。這時就需要你在與客戶溝通時豎起耳朵，睜大眼睛，聽出其弦外之音，看出其言外之意；如果能聽懂這些，不但可以瞭解客戶的真實想法，還能使你與客戶的溝通更加順暢，成交更加高效。

那麼，業務員在與客戶溝通中，如何聽懂和面對客戶的弦外之音呢？

1. 透過音調讀懂客戶的弦外之音

業務員在與客戶溝通時，要認真傾聽客戶的談話，從客戶的音調中辨別客戶的情緒和心態，瞭解其真正的意圖。弦外之音是在話裡間接透露，而不是明說出來，也正因為如此，客戶表達弦外之音時語調通常有以下特點：

⭐ 語調不連貫

為了讓業務員明白自己的真正意圖，客戶會有意拉長或者提高音調，以引起業務員的重視和思考。比如「小李──（聲音拉長），你看你們的

廣告價位這麼高，我也沒有殺價，那麼是不是另外給我一些優惠（聲音拉長，音調提高）──或者補償（聲音拉長，音調提高）呢？」

⭐ 語速放慢，甚至會重複一句話

有時業務員沒有意會客戶的弦外之音，客戶就會放慢語速，或者重複一句話，給予暗示或者提醒。此時，你一定要聽出客戶的意思，並對他們有所回應。

2. 透過表情讀懂客戶的弦外之音

通常，人的內心想法都會直接體現在臉上，除非經過特殊訓練。因為人內心的想法跟大腦是串聯的，它會不自覺、不經意地在臉部表現出來。客戶也是如此，當他們有意或無意地想表達自己的弦外之音時，臉部表情通常會有以下特點：

⭐ 面部表情與平時交談時不同

如果客戶要表達的意思不想明說，是在話語間流露出來的，而且客戶有意讓業務員領會，那麼他的言語和表情都與平時不同。溫和的人可能會突然嚴肅起來；嚴肅的人可能反而會顯得很溫和。

⭐ 客戶表情有些遲疑

有些弦外之音是無意間透露的，在言語之間你要特別注意，客戶會猶豫不決，時而皺眉頭、時而搖頭、時而思考。此時客戶也比較矛盾，可能他不知道是否應該對業務員講實情，或者是自己也對某些事情判斷不明確。

⭐ 客戶微笑地望著你，希望你能領悟他的真意

有的客戶想在交易中獲得一些利益，但又不願意明說，就故意旁敲側擊，想讓業務員先挑明。這時客戶會微笑地望著你，在說話間還會不時地觀察業務員的表情。

3. 過濾客戶話語中的各種意涵

　　有時客戶想在價格或者付款等方面爭取一些利益或者好處，但又不好直接表達，就會有意無意地說很多話來暗示業務員，這些話看似嘮嘮叨叨，但其中卻有客戶想表達的真實意思，業務員需要過濾話語中的重點和非重點，聽出弦外之音，才能順利成交。

　　小鐘是一家辦公設備公司新招募的業務員，他被分配拜訪一位客戶夏主任。夏主任是一個公司的總務主任，最近他們公司想購買一台高畫質的多功能商業投影機。經過一個月的追蹤拜訪，小鐘與夏主任很熟了，而且產品的價格、售後服務夏主任都很認可，卻遲遲不肯點頭成交。

　　這天，小鐘又來到了夏主任的辦公室，再次提到了成交的事，並強調如果這個月購買，將贈送價值 2,800 元的隨身硬碟。但夏主任微微一笑沒有回答，反而讓小鐘看自己前幾天拍攝的旅遊照片，小鐘根本沒有心思欣賞，但還是禮貌地說：「夏主任，這些照片真漂亮，您的攝影技術也不錯呀！」「唉，不行，我那個相機太老了，拍不出效果，馬馬虎虎，現在有一款牌子型號的相機不錯，我很喜歡。」「是嗎，夏主任要買這款相機嗎？我們公司應該也有賣！」小鐘覺得這是一個銷售機會。「不用了，謝謝你，有一個用著就行了，不想再花錢買了！」夏主任微笑著說。「這樣吧，小鐘，你先回去我再考慮一下，你剛才說的買機器送隨身硬碟——其實現在網路這麼發達，公司基本也用不上隨身硬碟……」

　　小鐘回到公司後，感到很困惑，想不明白客戶不成交的原因，於是向他的主管王經理請教。王經理聽了小鐘的敘述，對小鐘說：「不要著急，

這個客戶很快就會成交的。你按照我說的去做：首先，去詢問一下夏主任說的那款相機是多少錢，如果價格不超過 12,000 元，你就告訴夏主任，不送他隨身硬碟了，而是送這款相機。然後你馬上針對他們公司情況寫一個辦公設備售後維修服務計畫及協定，說服他簽訂三或五年。」聽完了經理的建議，小鐘恍然大悟。結果也正如經理說的那樣，夏主任馬上購買了機器，並簽訂了三年的服務協定，當然也得到了心儀的那款相機。

　　這可以說是推銷過程中常見的情景，小鐘之所以會束手無策，主要是因為他缺乏經驗。小鐘恍然大悟後也應該明白，客戶之所以不成交就是因為對於贈品不滿意，或者說客戶想透過購買投影機得到心儀的相機。試著找出客戶的弦外之音，不但實現了成交，還能實現了雙贏。

🎯 成交機會就在客戶話語中，要善於把握 ✦

　　客戶在與業務員的交談中會透露出很多資訊，可能是對產品的意見，或是對產品售後的質疑，也可能是對業務員本身的態度。業務員就要在交談時緊緊把握住客戶的一言一行，爭取在與客戶交談中找到成交機會，及時向客戶發出成交請求。先來看一段下方對話，看看該如何抓住成交機會：

　　客戶：「在訂單簽完後的三天之內交貨，你們能做到嗎？」
　　業務員：「當然，我們一向是三天之內交貨，這個您可以放心。」
　　客戶：「在電壓不穩的情況下使用這種產品會不會出現危險？」

業務員：「不會的，我們交貨時會附上一組變壓器。」

客戶：「在付款期限上可不可以再寬鬆一些呢？」

業務員：「您也是行家，肯定也知道我們提出的付款期限已經是最寬鬆的了，這確實是我們的底線了，希望您能理解。」

客戶：「如果在三個月之內出現品質問題的話，你們真的保證免費上門退換嗎？」

業務員：「這也請您放心，這我們在合約上會寫得很清楚的。這是合約，如果可以，您打算什麼時候交貨？」

客戶：「後天吧！」

業務員：「那您看我們現在是不是先簽約？」

客戶：「好的。」

在上面整段對話中，客戶提出的每個問題都傳遞出願意成交的資訊，如送貨時間、付款方式、售後服務等，這些都是真心成交的客戶會關注的問題。業務員若能清楚地認識到這一點，然後給客戶一個滿意的答覆，這時提出簽約的請求就會十拿九穩。

根據相關案例發現，在即將達成交易的溝通過程中，如果雙方都沒有主動提出成交，通常有 60% 的溝通會是因為沒有達成交易而中止。有的業務員可能害怕客戶的拒絕而不提出欲簽約請求，而是等待客戶做最後的決定。殊不知，大部分客戶也是在等待業務員提出成交請求。雖然客戶不會主動簽署訂單，但是他們會用含蓄的表達可能是某個動作、表情告訴你，而你就需要抓住成交的最佳時機。那麼，該如何從客戶話語中及時把握成交機會呢？

1. 客戶如何表示「我要購買」

一般情況下，客戶都不會主動說「我要購買」，所以辨別客戶成交的信號就成了業務員必須具備的技能。如果你能準確地抓住這些信號，成交也就水到渠成了。客戶可能透過哪些方式來表達購買的意願呢？

⭐ 積極的言語暗示

認真詢問產品的相關資訊，比如：客戶詢問付款方式、送貨時間，詢問產品的具體使用細節等。

⭐ 積極的身體語言暗示

比如：客戶邀請你到辦公室繼續談，放下手頭上的事，認真聽你介紹時，頭向一側傾斜並頻頻點頭。如果客戶有了這些動作，就說明你的發言達到了良好的效果。

2. 「推波助瀾」，讓客戶下定決心購買

當我們掌握客戶傳遞的成交資訊之後，接下來就是促成交易了，要想讓客戶儘早下定決心購買，往往需要業務員的「推波助瀾」。

⭐ 拋磚引玉

使用商討式的問句就是很好的選擇，比如：「我給您包起來吧，您喜歡哪種包裝呢」、「您要今日送貨還是明天再送到家裡呢」、「您是要藍色的還是要白色的呢」。

⭐ 這個產品最適合您的需要

比如：「這款就能符合您所有的需求，我想它是最適合您的一款產品」、「您公司一直都是使用這個型號的機器吧，它肯定會符合員工的操作習慣，不會發生問題」、「您的皮膚這麼白，這件衣服把您的膚色襯得

更好了」。

⭐ 我們產品的優勢就在於……

當我們向客戶介紹產品時，一定要重點介紹客戶滿意的地方，不要在產品缺點上浪費口舌，也能讓客戶更快做出決定。

◎ 小動作洩露出大秘密，你關注客戶的肢體語言了嗎 ✦

所謂語言，除了包括有聲的對談之外，還有無聲的肢體語言。肢體語言所傳達的感情不亞於說話。所以，業務員若想要更瞭解客戶，就一定要知道不同的動作代表著甚麼意思。

1. 小動作的秘密——眼睛

「眼睛是心靈的窗戶」，最容易流露出真實的情感，所以在與客戶交談時要善於觀察對方的眼睛，從眼神捕捉到情緒的變化，進而洞察客戶的心理，瞭解客戶真實的想法。

你在向客戶介紹產品的時候，如果他用眼睛直直地盯著你，想必你正暗中竊喜，以為自己成功吸引客戶，但真的是這樣嗎？當然，如果客戶對你的產品感興趣，肯定會認真聽你講解，並帶著贊許的目光或是微微點頭等其他動作；但如果客戶僅是面無表情地盯著你，那你就要小心了，他可能根本沒有在聽你說話。這時你就要想辦法讓客戶參與談話來緩和氣氛。

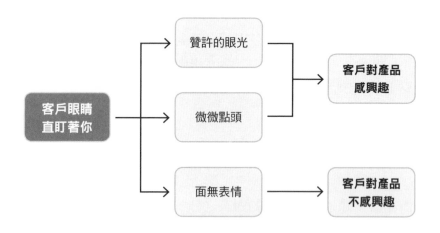

而向客戶介紹產品的時候，如果對方斜眼看你，那你就要小心應對了，因為這個動作包含了很多含義。如果客戶瞇著眼睛或者把眉毛壓得很低、斜著眼睛看著你，可能就說明他不信任你，對你所說話的有所猜忌。反之，如果客戶上揚著眉毛斜著眼睛看著你，說明他或許已經對你產生認可。

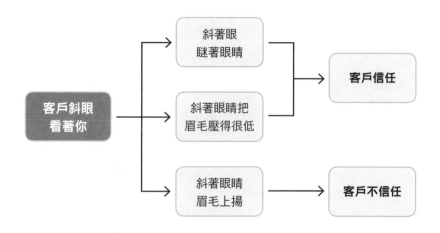

2. 小動作的秘密──頭

「點頭 YES，搖頭 NO」，是我們對頭部動作最常見的解釋。但真的只有這麼簡單嗎？我們個別來看看不同的頭部動作所代表的不同含義：

⭐ 低頭

低頭代表著一種抗拒和批判的態度。如果客戶不肯抬起頭來，我們就無法和他們形成良好的互動。所以，一旦客戶發出了這種動作，我們就應該想盡辦法讓客戶抬頭，積極參與在銷售當中。

⭐ 頭部向一側傾斜

客戶將頭向一側傾斜，還帶著手接觸臉頰的思考動作，說明他認為你說得有道理。

⭐ 搖頭

代表不同意你的觀點。一旦發現客戶搖頭，就一定要及時改變銷售策略，否則，很難與客戶達成交易。

⭐ 點頭

點頭一般表示認可。如果客戶每隔一段時間就點頭，說明了他有興趣；如果客戶快速點頭，則代表他對你的內容感到不耐煩，希望你馬上結束談話。

3. 小動作的秘密──手

手是一個掩飾內心活動很好的工具。很多手部動作都是客戶在掩飾自己真實的心理，接下來就向大家介紹幾種利用手來掩飾內心活動的動作：

⭐ 捂嘴巴

當客戶捂嘴巴可能代表他在說謊。這時就要詢問客戶有什麼不同意

見，這樣不但可以讓客戶提出自己的看法，還能解答客戶的疑惑。

⭐ 抓耳朵

抓耳朵是在表達他不感興趣。這時你的當務之急就是引起客戶的興趣而非提出成交請求。

⭐ 摸鼻子

人們通常在撒謊時會出現摸鼻子的動作。如果你發現客戶頻繁地用手觸摸鼻子，基本上就可以斷定他撒謊了。

⭐ 抓脖子

如果客戶抓脖子，就說明他對你所說的話有疑慮。這時，需要業務員設法解決客戶的疑慮。

⭐ 拉領子

撒謊會讓敏感的臉部與頸部神經產生刺癢的感覺，所以就會不自覺拉扯領子。這個動作也可以用來判斷客戶至否說謊。

⭐ 揉眼睛

揉眼睛是人們企圖阻止眼睛目睹欺騙、懷疑和令人不愉快的事情。如果客戶與你交談時經常揉眼睛，說明他對你的產品或服務不感興趣。

4. 小動作的秘密──坐姿

你有沒有注意過客戶的坐姿呢？相較於前面幾種動作，坐姿確實容易被人忽視，但卻能洩露出客戶心裡的秘密。

★如果客戶身體靠在沙發上，兩手置於沙發扶手上，兩腿自然落地、
　　分開，說明你們之間有一個輕鬆的談話氛圍。

★如果客戶坐在椅子上，上半身向前倚靠於桌上，頭微微前傾，表

示他對談話內容非常感興趣和重視。

★ 如果客戶身體後仰，甚至轉來轉去，或者整個身子側轉一方，表示對談話內容的不感興趣與輕視。

很多時候，客戶的拒絕只是一種習慣

「都說過不需要了，請你以後不要再打電話了！」

「對不起，我們不需要你的產品。」

「不好意思，我現在很忙，沒有時間，我們改天再約吧。」

「你把資料先放下吧，如果有需要的話我會再聯繫你的。」

這些話，你是不是很熟悉？作為業務員，我們每天都會聽到很多拒絕的話，有人拒絕得委婉，有人拒絕得直接，甚至還會有人毫不客氣地斥責。對於遭遇客戶拒絕的問題，曾經有人專門做了問卷調查，他們列舉了各種拒絕的理由：

★ 有充分的理由拒絕

★ 沒有充分理由，隨便找個理由拒絕

★ 將感到為難做為拒絕理由

★ 沒有理由，拒絕時出於條件反射

★ 其他原因

有很多人都是在下意識地拒絕業務員，拒絕的原因，他們往往也說不

清楚。所以，我們應該知道一點，那就是客戶的拒絕只是一種習慣，我們要習慣他們的拒絕。尤其是向陌生的客戶推銷產品時，更容易遭遇無情的拒絕；但如果站在客戶的角度思考，我們就能夠理解他們拒絕的原因。試想，一個陌生人突然拜訪你，要你掏腰包購買他推薦的產品，你的第一反應大概也是拒絕的吧？

銷售代表訓練之父耶魯馬‧雷達曼說：「銷售就是從被拒絕開始的！」世界首席銷售代表齊藤竹之助也說：「銷售實際上就是初次遭到客戶拒絕後的忍耐與堅持。」傑克裡布斯曾說：「任何理論在被世人認同之前，都必須作好心理準備，那就是一定會被拒絕二十次，如果您想成功就必須努力去尋找第二十一個會認同你的識貨者。」

這些銷售大師都告訴我們一個事實，那就是：客戶的拒絕並不是一種特例，它是一種常態。面對拒絕，我們不必覺得委屈和不甘心，平靜地接受才是明智之舉。你要想成長為一個優秀的業務員，就要在面對客戶的拒絕時，表現出從容不迫的氣度和坦然，不能因為客戶的拒絕而喪失了繼續戰鬥的勇氣。那麼，面對拒絕時應該採取什麼方法，才能再次找到機會呢？

1. 用真誠化解客戶的拒絕

客戶不需要你的產品，那麼他會拒絕是理所當然的，但並不都是如此。業務員在與客戶溝通的時候，經常會有這樣的情形：客戶明明就很需要你的產品，但他仍然找藉口拒絕。這時如果你想要化解客戶的拒絕，就要拿出十足的耐心和真誠，所謂「精誠所至，金石為開」，如果你用十二萬分的真誠去面對客戶，那麼肯定會被客戶接受。

2. 堅持三分鐘，成敗或許就在轉瞬之間

遭到客戶的拒絕，我們就要轉身離去嗎？如果你這樣認為，那就大錯特錯，堅持下去，可能還會撥雲見日。但如果你像狗皮膏藥一樣黏住客戶，他一定會離你遠遠的，所以，只要三分鐘的堅持就好，告訴客戶：「請您給我三分鐘的時間，如果過了三分鐘您還是沒有興趣，我馬上離開。」通常，客戶都不會拒絕這樣的請求。那麼，你要怎樣做才能讓客戶給你留出三分鐘的時間呢？

三分鐘堅持術：

★ 大聲告訴客戶「我只要三分鐘就好。」

★ 誠懇地盯著客戶的眼睛，讓他感受到你的真誠和熱情。

我們不能保證三分鐘過後客戶就會對你的產品產生興趣，但起碼我們跟客戶產生互動，成功的機率自然也會提高。

3. 該出手時出手，該收手時也要及時收手

很多業務員為了完成業績不放過每一位客戶，即使客戶已經明確告知：「我不需要你的產品。」他們還是會一天一通電話，隔三差五登門拜訪一次，弄得客戶無可奈何。其實，這樣做，非但不能拿到訂單，反而會破壞自己在客戶心中的形象；即使客戶以後真的有需要，也會對業務員敬而遠之，造成無法挽救的後果。

如果客戶明確地表示不希望再和你繼續交談，你可以嘗試暫時中止你的談話，並向客戶表示謝意。當然，如果能約定下次見面的時間更好；如果不能約定下次見面的時間，也應該儘量留下產品資料和自己的聯繫方式。

4. 即便被拒絕，也要引導客戶說出理由

雖然客戶拒絕有時候是一種習慣，但仍有很多業務員在面對這種情況時，依然感到非常沮喪，有些人甚至不問客戶為什麼拒絕，就轉身垂頭喪氣地離開，而這個錯誤的做法無疑是徹底放棄了與客戶再次互動的機會。業務員要記住：面對態度堅決的客戶，即便他們拒絕得很乾脆，也要想辦法引導他們說出拒絕的理由，替自己為往後的互動埋下伏筆，尋找機會。那麼面對客戶，業務員如何引導他們說出拒絕的理由呢？

⭐ 直接詢問

遭到客戶拒絕後，可以直接詢問被拒絕的原因，但是語氣一定要誠懇、客氣。比如：「張小姐，這套化妝品 CP 值很高，也適合您的膚質，為什麼不買一套呢？如果您能告訴我原因，是對我工作最大的支持，也真誠地感謝您！」

⭐ 婉轉詢問

客戶拒絕購買的原因有很多種，但他們通常不會一一向業務員說明，這就需要業務員技巧性地、委婉地詢問來得知。在詢問的過程中，要記得把所有可能出現的拒絕理由加在你提的問題中。比如：「張經理，這份保單您不需要，是不是因為您已經在其他公司購買保險了？」、「李總，對於我們的廣告方案，您是不是還有一些地方不滿意呢？」

只有引導客戶說出拒絕真正的理由，你才能充分瞭解客戶的需求、興趣、心理，從而累積更多的資訊，為自己帶來與客戶持續接觸的機會。

拒絕，是銷售工作的開始，但絕不是銷售工作的結束。拒絕，會讓業務員更堅強地成長，也會為客戶帶來機會！拒絕，並不可怕！

★ 真實可靠，不能無中生有，欺騙客戶

業務員在介紹產品時要展示出產品的真實功能和特性，不能為了一次成交大肆鼓吹產品的優點，甚至無中生有，欺騙客戶，這樣即便獲得成交，但卻失去個人和企業的信任及口碑。

★ 客觀表達，真誠待人

博恩‧崔西（Brian Tracy）說過：「說盡優點，不如暴露一點點真實。」在介紹產品的時候，要儘量保持說話的客觀性，這樣客戶會覺得你是誠實的人，也會容易接受你。

★ 揚長避短，而非誇大其詞

揚長避短就是介紹產品時成功抓住產品的優點，突出產品的長處，以此來淡化產品的劣勢和缺點，讓客戶自然地接受。

5. 命令客戶做某事

美國銷售大師玫琳凱（Mary Kay）曾經說過：「有效的溝通是最重要的，如果客戶對你反感，那麼口才再好，對銷售也無濟於事。在銷售中，讓自己多去詢問客戶的需求，而不是過分功利地指示客戶怎麼做！」

很多業務員會不自覺地犯這個毛病，不考慮客戶的感受，在不知不覺中命令客戶。要知道，我們跟客戶處於平等地位，沒有權力去命令客戶，客戶也沒有義務接受任何的命令。

客戶反感比客戶拒絕更可怕

如果問業務員這樣一個問題：「在工作中最讓你頭疼的是什麼？」我想絕大部分的業務員答案都是遭到客戶的拒絕，雖然不願意看到客戶的拒絕，但卻無法避免。我們在上一節中也提到了，在很多情況下客戶的拒絕只是一種習慣，所以不必害怕客戶的拒絕，但你要察覺客戶是否反感，一旦客戶對你產生反感，那就沒有任何機會與之合作了。

那麼，業務員的哪些行為是令客戶反感的呢？又要如何避免這種情況的發生？

1. 誇大其詞的產品介紹

在銷售過程中，有的業務員為了賣出產品，會將產品優勢說得天花亂墜，誘導客戶購買。有些客戶雖然在短時間內相信了業務員的話，但是時間久了，就會發現產品與你的介紹不符。如此一來，輕則認為你不講信用，重則便是感覺受到欺騙，不但對你產生反感，更是深惡痛絕。

2. 直接替客戶做決定

在銷售中，業務員每句話的目的都在說服客戶購買自己的產品，但最不可取的就是用命令和指示般的口吻與客戶交談；客戶購買的不只是產品，還有被尊重和重視的感覺，一旦讓客戶感覺到他沒有受到尊重，那麼就會引起客戶的反感和不滿。

當然，並不是每位客戶都對他想購買的產品有充分的瞭解，這就需要業務員的介紹和建議，但是諸如「應該這樣」、「不應該那樣」的語句要避免，即使你說的是對的，給客戶的建議也是最適合的，但強硬的態度會

招致客戶的反感，將客戶越推越遠。

3. 套取客戶的隱私

有的業務員為了拉近與客戶的距離，在交流中顯得非常熱情，不停地向客戶問東問西：「你做什麼工作啊？」、「結婚了嗎？」、「買房子了嗎？」這樣的熱情不但不能打動客戶，反而會讓客戶反感；也有一些業務員為了取得客戶的信任，對客戶說出自己的隱私，這是一種很愚蠢的行為。

與競爭對手共舞，需要注意腳下

當今社會，人與人之間、企業與企業之間的競爭越來越激烈，尤其在銷售領域，一不小心就會被競爭對手打敗。一名優秀的業務員，要懂得處理與競爭對手之間的關係，讓自己既能得到對手的尊重，又能贏得客戶的青睞。

1. 知己知彼，掌握競爭對手盡可能多的資訊

在如今的市場狀況中，任何一家企業都面臨著競爭對手的威脅，因此，了解自己的競爭對手對業務員來說是極其重要的。在購買產品的過程中，客戶經常會將兩家公司的產品進行比較，如果你對競爭對手一無所知，不能及時、準確地回答客戶的疑問，就會給客戶留下不好的印象，影響銷售的進行。

知己知彼，才能百戰不殆，每一位業務員都應該深入、全方位地了解競爭對手及其產品的情況，具體主要包括下面的資訊：

★ 競爭對手產品的一覽表。

★ 競爭對手在未來一段時間內有哪些產品將上世？有哪些產品正在研發中？

★ 競爭對手所有產品的價格，這些價格是屬於滲透定價法，即少贏利甚至不贏利以期擴大市場佔有率；還是高價法，期許從中獲取巨額利潤。

★ 競爭對手的產品有哪些特徵？其優缺點是什麼？

★ 競爭對手產品的市場銷售量如何？是呈上升趨勢、下降趨勢，還是多年持平？

★ 競爭對手產品的客戶口碑如何？滿意居多，還是不滿居多？

只要掌握了上述這些資訊，既可以為自己的銷售活動提供一定的參考和借鑒，也可以在遇到客戶的詢問時揚長避短，賣出自己產品的優勢。

2. 競爭不可避免，但不要惡意中傷對手

戰場上沒有對手便沒有英雄，商場上沒有對手就沒有成就。在銷售過程中，免不了會有客戶向你詢問其競爭對手的產品資訊，或者在你面前稱讚對方的產品或服務。這時，作為業務員千萬不要為了成交而中傷競爭對手，否則，只會適得其反。

班傑明・富蘭克林（Benjamin Franklin）曾說過：「不要說別人不好，而要說別人的好話。大多數情況下，不失良機地稱讚競爭對手可以令你取得意想不到的效果。」業務員一定要有正確的心態，不要對競爭對手進行攻擊。否則，你在客戶心中的可信度就會下降，不僅沒能促使生意成交，反而替你的競爭對手免費廣告。

3. 學習競爭對手的優點

　　一旦發現競爭對手的產品或服務優於自己的企業時，業務員就要學習他們的優點，找出自己的不足，盡力縮短與競爭對手之間的差距。而在向競爭對手學習時，業務員應該注意以下幾點：

★ 如果競爭對手向客戶提供了更多的服務

　　在看到客戶被這些服務打動時，就要加強自我的服務管理，反省自己的不足，提高自己的服務品質和特點。

★ 競爭對手向客戶推出了新的優異產品

　　你一定要及時把問題反映上去，以便公司能夠審時度勢，改進產品或服務，提高產品的性價比。

4. 共用資源，攜手共贏

　　業務員應該明白一個道理，由於產品自身的特點及客戶需求的差異，有時自己和競爭對手的關係是可以互通有無、取長補短的。

　　客戶的需求各不相同，由於企業開發產品的能力有限，不可能滿足客戶所有的需求；這時我們就要靈活掌握，甚至借助競爭對手的力量，站在客戶的立場上為他們考慮，把競爭對手介紹給他們，這樣不但能給客戶帶來好處，更能為自己的長遠利益設想。

　　但如果業務員利用貶低對手這一招說服客戶購買產品，必然屢戰屢敗。尊重自己的競爭對手，客戶才會尊重你；這是一條銷售常識，我們必須牢記。

Chapter 5 銷售就像談判，了解雙方籌碼，成為最後的贏家

在銷售過程中，業務員和客戶都會為自己爭取最大的利益。沒有哪一位客戶不問價格、品質就十分爽快地購買；業務員也不可能完全放棄自己的利益，全部滿足客戶的要求。這時就需要和客戶透過談判尋找彼此利益的平衡點，在談判中找出雙方都能接受的方案，實現雙贏。

談判是與客戶之間的一場心理博弈，如何才能在保證自身利益的同時，又使客戶接受？這需要業務員有高超的談判技巧，透過各種心理攻勢俘獲客戶，使其「就範」。談判中，實力強的一方容易佔據主動地位，所以談判者手中必須要有籌碼，才具有與對手談判的資格。業務員要先弄清自己所處的位置，尋找談判的籌碼，並在談判中靈活運用，才能得到一個滿意的效果。

而要成功地進行談判，僅有籌碼還不夠，最重要的是，你要讓對方相信你握有這些籌碼。那麼，在談判中應該怎樣靈活運用籌碼呢？

1. 擁有客戶感興趣的資源，並充分利用

手中擁有客戶想要的資源，是業務員與客戶談判的基礎。如果你的產品不能滿足客戶的需求，又不能向客戶說明並解決他在意的問題，勢必讓客戶很失望，進而導致談判失敗。因此，在談判中你一定要擁有對方想要

的資源，如金錢、物質、行為、人脈等，這些是影響談判成功的關鍵；懂得充分利用自己手中的資源，滿足客戶的需求，為自己增加談判的籌碼。

2. 巧妙使用懲罰和報酬的「掛鉤法」

在談判中，掛鉤法是一種非常有效的談判方式，即談判的一方將對方需要的東西與自己的利益掛起鉤來，只有對方給自己想要的東西，才給對方必需的東西。但使用這方法的前提是雙方互有需求，如果一方需要，而另一方不需要，「掛鉤」就無法實現。

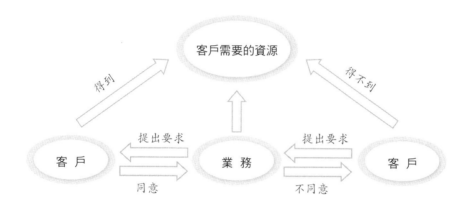

在銷售中，你可以透過溝通瞭解客戶的需求，找到客戶沒有但你擁有的資源，以此作為條件，告訴客戶如果履行你提出的建議，就能得到這些資源；如果客戶不能，就不給。必須注意的是，你掌握的資源一定要吸引客戶，這樣懲罰才能發揮作用。

良好的談判籌碼還包括報酬的能力，同樣可以使用掛鉤法，與懲罰中的掛鉤法是相對的。因為人們很難在既定目的達成後，願意再額外付出，所以在跟客戶的談判中，可以將要求作為先決條件，這樣比較容易實現自己的目的。

3. 事先安排好退路

俗話說：凡事先找退路。談判的雙方中，有退路的一方或者退路多的一方，往往握有更多的籌碼；沒有退路就是沒有選擇，也就沒有談判的必要。因此，在開始談判前，業務員一定要找好自己的退路，不要把話說死。否則一旦做不到，就失去了所有談判籌碼，導致談判失敗。

4. 不要向客戶透露過多

在銷售過程中可以適當地向客戶透露一些事情，但是要把握好分寸，不要事事都告訴客戶。有時候業務員不經意間說出的話，不僅透露了自己產品的秘密，還將業內的秘密都告訴了客戶，這樣做的後果十分嚴重。

NG 銷售案例

位於S市南端的裕隆社區，交通便利，對於居高不下的房價來說，這裡相對便宜，這裡可以說是購屋者理想的選擇。唯一的缺點就是附近有一條火車道，經常會有轟隆隆的運貨火車通過，噪音不小，但也沒有達到讓人無法忍受的地步。

一天，房屋仲介商迎來了一位先生，他看了廣告，覺得裕隆社區的房價便宜，又處於市郊，污染比較小，所以想買兩套，分別給自己和父母住。

接待的仲介小劉聽了很高興，這意味著如果成交，這位先生就會一次購買兩套房子。小劉想用熱情來贏得這位先生的好感，於是他便滔滔不絕地介紹起來：「我們社區所處的位置很好，而且各方面的設施和設備都很齊全；如果您住進來，孩子一直到初中都不用舟車勞頓到別縣市讀書，而且附近醫院、購物商場一應俱全；最重要的是這裡

房價比較低。當然，之所以比較低也是有原因的，因為這附近有火車通過，噪音有點大。」

先生說：「什麼，附近有火車通過？」

小劉：「是啊，不過還沒吵到讓人無法忍受的地步。」

先生：「……我看我還是再考慮一下吧。」

在銷售過程中，千萬不要過早地將自己一覽無餘的呈現給客戶，因為你過早地洩露自己的實力，只會減小自己在溝通中的周旋餘地，使自己處於被動地位。

另外，對於業務員來說，資料的保密很重要，對於自己收集、分析和建立起來的有用資料要建立嚴密的保密程式，以防止任何形式的洩露。尤其不能讓客戶掌握自己的資料，以免自己在談判中處於被動地位。

談判是一個相互妥協，相互退讓，最終實現共贏的過程。在銷售談判中，由於業務員和客戶都不想放棄自己的利益，很容易出現僵局。如果談判中出現了僵局，業務員不要逃避，也不要與客戶爭執，應該儘量營造出一種輕鬆的氣氛，防止雙方陷入尷尬的場面。

為了不將談判中的矛盾進一步加深，業務員應注意哪幾個重點呢？

1. 始終尊重客戶

禮貌對待客戶，是最基本的要求；無論是在什麼樣的情況下，都不能與客戶爭執，不能對客戶無禮。對客戶的尊重，既是業務員自身的一種修養，也能有效防止形勢惡化，為化解僵局提供有利條件。

在談判桌上，對客戶保持禮貌和尊重的態度，能夠為談判營造和諧的

氣氛，讓客戶也能保持比較理智的態度，同樣對你保持尊重。

2. 製造輕鬆的氛圍

當陷入僵局的時候，你要善於緩和氣氛，不要使雙方一直陷入僵持之中。一般來說，業務員可以使用以下的方法：

★ 緩和情緒，調整關係

陷入僵局時，可以與客戶先喝口茶或咖啡，緩解一下緊張的氣氛，等雙方都心平氣和的時候，再繼續進行後續的交流。

★ 坦誠相見

客戶不是你的敵人，而是合作夥伴，對待客戶，要有什麼說什麼，不要有所隱瞞。

★ 避開敏感話題

當雙方因意見不一而陷入僵局時，你要及時用一些無關緊要的事情岔開話題，可以關心一下對方的生活或工作，還可以根據客戶的興趣談論相關的話題，等氣氛緩和後再繼續。

3. 暫時停止談判

如果談判到了僵持不下、實在無法進行的地步，你可以考慮先暫停談判，與客戶再約時間進行。把問題先放在一邊，給雙方一定的時間來重新考慮，等到再次談判時，反而會取得意想不到的效果。

業務員應該注意，暫停談判期間不要停止與客戶交流，可以透過與客戶一起吃飯、打球等活動，同客戶加深瞭解，增進感情。否則一旦客戶失去了與你合作的誠意，就很容易使談判破局。

4. 巧妙地運用幽默

與客戶陷入僵局時，業務員可以適當地運用幽默來打破，緩和彼此間的緊張氣氛，為自己與客戶營造和諧的關係。若要想靈活運用幽默，就要掌握以下幾個方面的技巧：

⭐ 學會自嘲

向自己的缺點開火，把自己當玩笑，自嘲不僅能為雙方找到打破僵局的臺階，還可以贏得客戶的好感。

⭐ 巧用反話

銷售場合的正話反說能獲得意想不到的效果。你可以順著客戶的意思，提出一聽就能實現但實際上很難實現的要求，讓客戶自己感覺到自己的要求不太合理，從而說服客戶。

⭐ 機智詼諧

銷售陷入僵局的時候，機智詼諧的語言有助於擺脫困境。你可以適當地開一些無傷大雅的玩笑，博得客戶一笑。但玩笑不要開得太過，更不要拿對方開玩笑。

⭐ 反差對比

把兩種毫不相關的觀念或事物放在一塊，會形成強烈的反差，讓人開懷一笑。在與客戶溝通時，具體地介紹產品，多使用反差對比，會收到意外驚喜。

⭐ 善用誇張

巧妙地運用誇張的方法來表達，能讓客戶感覺到你的幽默，使客戶放鬆心情。

寬容能化解僵局，成交與不成交距離只有 0.01cm

銷售大師傑佛瑞‧吉特默（Jeffrey Gitomer）有句名言：「總而言之，只有一個觀點是重要的，只有一個看法是重要的，只有一種感受是重要的；那就是客戶至上。」也就是說，不管遇到什麼情況，都不能激怒客戶，哪怕錯在客戶，也要表示出對客戶的尊重，用寬容的態度化解自己和客戶的矛盾，使對方的心情舒暢，然後再尋求解決問題的方法。

1. 有限度地對客戶做出讓步

銷售中的讓步並不意味著妥協，而是選擇另外一種方法獲得成功。業務員要懂得進退，對客戶留有寬容的態度，並適時地做出讓步，不僅可以達到成交，還能給客戶留下好印象。在做出讓步時，業務員要注意以下幾點：

★ 始終為雙方保有溝通的空間

讓步要盡可能地遠離利益底限，給雙方保有較大的溝通空間，不要使局面繃得太緊。

★ 讓步之前，要考慮清楚關於回報的問題

業務員要考慮是否值得讓步，讓步之後是否能得到回報；如果可以，那麼要在讓步的同時向客戶提出具體的要求，否則不要輕易讓步。

★ 以大局為重，著眼長遠利益

應盡可能多收集客戶資訊，在客戶可以接受的範圍內談判。同時，在做出讓步時還要注意維護自己利益。

★ 瞭解客戶的接受底限，在雙方的底限之上進行讓步

業務員要全方面的考慮，分析讓步是否有利於我方長遠利益的實現。

2. 掌握寬容四原則

對待客戶時要寬容，這樣才能得到客戶的信任和配合，且至少做到以下四點：

★ 肯定自己也肯定他人

★ 待人謙遜真誠

★ 待人禮讓大度

★ 寬恕別人的無心之過

3. 盡己所能滿足客戶要求

心中要時時謹記「客戶是上帝」這句話，對客戶的要求儘量滿足。即使遇到客戶提出非分無理的要求時，也不能與客戶正面發生衝突，不能冒犯客戶。

有些時候，你可以在不觸及原則的情況下滿足客戶看似過分的要求，給客戶留下良好的印象。

業務員在自己的能力範圍內儘量的滿足客戶的要求時，要讓每一位客戶都感覺到自己的寬容，因為寬容客戶就是善待自己，只有對客戶寬容才能贏得無限商機。

即便最初報價很低，客戶依然會討價還價

在銷售過程中，每一位業務員都希望自己銷售的產品銷路好，受到客戶的歡迎。因此，有一些業務員常常會用較低的價格來吸引客戶的目光，認為這樣更容易促成交易。然而結果往往不盡如人意，不是丟了客戶，就

是丟了利潤，反而得不償失。

　　客戶在購買產品時，總是希望用最低的價格買到最好的產品，在聽到業務員報價之後，希望產品價格可以再降低。無論業務員第一次價格多麼吸引人，客戶都想進一步獲得更低的價格。一旦業務員報價過低，很容易處於被動，反而不能滿足客戶的條件，引發客戶的不滿；不然就是低價出售產品，完全沒有利潤可言。

　　業務員第一次報價多少直接影響著客戶對產品價值的衡量。首次報價過低，會讓客戶認為產品價值並不是很高，從而想進一步降低價格，這就會導致業務員陷入困境，價格越壓越低。因此在報價時，一定不要報得過低，即便是想「薄利多銷」，也要替自己保留價格的空間，最好可以在低價和理想價格之間找到一個中間值，將報價定在這個中間值之上一些。這樣不僅能擴大談判空間，還能獲得更多的利潤，從而保證銷售工作能順利進展。

　　那麼，業務員怎樣做才能留住客戶，又保住利潤呢？

1. 先分析客戶再報價

　　有些客戶善於砍價，有些客戶則不太擅長；因此，業務員要注意觀察，在報價時根據客戶具體情況做決定。在遇到善於砍價的客戶時，你可以在第一次報價時報高一點，這樣就算客戶把價格壓低了很多，還是可以繼續進行交易。

★ 如果客戶對產品的價格以及相關領域比較熟悉時，能夠比較客觀地掌握價格，業務員就應該給出一個相對合理的報價。

★ 如果客戶沒有明確的購買目的和方向，你可以做一個範圍報價，給客戶設定一個價格範圍，待其確定具體購買方向時再做詳細報價。

2. 讓客戶明白「一分錢一分貨」的道理

　　與那些品質一般的產品相比，品質好的產品成本總會更高些，這是很正常的事情。但有時這卻不能得到客戶的認同，他們想買到品質好的產品，卻不想負擔較高的價格。那在銷售中，怎麼做才能讓客戶明白「一分錢一分貨」的道理呢？

⭐ 為客戶計算性價比

　　業務員要準確且及時地向客戶傳達與產品品質相關的信息，讓客戶全面瞭解產品品質，並據此為客戶計算性價比，也就是所謂的 CP 值。

⭐ 用事實說話

　　業務員要給客戶多一些實際體驗，讓他們從內心體會到良好的產品品質，從而消除他們嫌貴的心理。

3. 讓客戶占點小便宜

　　貪小便宜是人們購買產品時常見的一種心態。購買商品時，很多客戶都會朝便宜的地方流動，超市打折、商場促銷，這些手法都能讓客戶趨之若鶩。而占便宜也是一種心理滿足，業務員應該懂得運用客戶的這種心態，用價格上的差異來吸引客戶，使客戶樂於購買自己的產品。你可以在某段時間將產品打折，或者贈送禮品，給客戶一定的優惠，這樣會讓銷售工作變得更加順利。

適當讓客戶出價，能掌握主動權

在銷售的過程中，產品的價格是雙方議論的主要問題。買賣雙方都是銷售的主體，是平等互利的，如果你抱著價格的主動權不放，不給客戶任何決定餘地，會讓客戶感覺自己的權利受到了限制，從而不願再繼續進行交易。因此，在銷售工作中，一定要給客戶一定的空間，並在適當的時機讓客戶出價。

在價格問題上，業務員要懂得靈活應對，讓客戶有出價的機會，使他擁有一定的決策權，這樣他會感覺獲得了優勢，銷售工作反而更容易順利進行。那麼，讓客戶出價，都需要注意哪些問題呢？

1. 選對讓客戶出價的時機

客戶在購買產品時，或多或少地會流露出一些資訊。業務員要透過客戶的外表、語言、表情等方面的觀察，得知客戶的身份、消費能力和購買意向，並透過這些情況的分析，決定客戶出價的時機和方式。

★ 遇到購買目的明確，對產品知識瞭解較為豐富的客戶時，業務員只需做足產品介紹，給出價格的大致範圍，然後試著讓客戶出價。

★ 而遇到對產品知識瞭解甚少的客戶時，要小心謹慎，讓客戶充分瞭解產品的具體細節及價格範圍之後，再讓客戶出價，以免客戶對價格定位錯誤而造成價格分歧過大，使得銷售氣氛緊張導致失敗。

2. 給客戶一個價格範圍

每位客戶都希望買到物美價廉的產品。所以，如果輕率地讓客戶出

價，往往會導致客戶出價過低，造成銷售失敗。

銷售過程中，無論客戶對產品領域瞭解情況如何，業務員都要給產品一個大概的價格範圍。這種價格範圍並不是一些簡單的數字範圍，而是向客戶介紹產品以及相關領域的情況，將產品劃定在一個相對穩定的價格裡面，並使這個價格成為客戶衡量產品價格的參考。當客戶對產品價格的衡量受到這種價格的影響時，大多會提出一個相對合理的價格。

3. 強化產品優勢、淡化無法實現的要求

在談論價格時，業務員要將自己的產品與客戶需求進行比較，要明確的知道，產品哪些特徵與客戶的期望相符，哪些方面難以達到客戶的要求。只有掌握了這些情況，才能以產品優勢保住價格，而不讓客戶抓住把柄。那具體應該怎麼做呢？

⭐ 強化產品優勢

如實地向客戶介紹產品，瞭解客戶的實際需求，強化產品的優勢而不單是最基本的產品特徵。從潛意識裡影響客戶，讓客戶認為產品的優勢對自己非常重要。

⭐ 淡化無法實現的需求

客戶發現產品達不到他心目中的理想需求時，會想辦法殺價，這時業務員要主動出擊，防止客戶步步緊逼，致使自己處於被動地位。巧妙地暗示客戶，十全十美又價格便宜的產品是不存在的；讓客戶覺得即使在某方面無法滿足自己的要求，那也是微不足道的。

4. 讓客戶說出成交條件

客戶在選購各類產品時，都會有其不變的大方向。只有清楚瞭解這個

大方向，弄清客戶關注的利益點，才能掌握主動權，有效地為客戶提供服務。

有時，客戶拒絕購買產品，並不意味著他不要購買產品。業務員要引導客戶說出自己期望的產品特徵和成交條件，有的放矢地為客戶解決問題，使自己在談判中掌握主動權，這樣談及價格時才能佔據有利地位。

你要知道客戶錯在哪裡，但又不能告訴他錯了

對業務員來說，客戶就是上帝。因此在產品、服務等問題發生糾紛矛盾時，業務員要合理、公正、有序地解決問題；即使客戶錯了，也不要輕易地指責、批評對方，避免與客戶發生衝突。

直接反駁客戶，容易造成客戶的敵對心理，所以在銷售當中，切記不要和客戶發生爭執，要學會委婉間接地把「客戶觀點錯了」的事實告訴對方，既不傷和氣，又有利於客戶接納業務員的意見，成功地把產品銷售出去，才是你真正的目的。

業務員經常會聽到一句話：「客戶永遠都是對的，假如客戶錯了請參照第一條。」有很多業務員也是遵循著這條原則銷售，他們認為只有做到這條才能贏得客戶的好感，進而銷售產品。可是有些客戶的錯誤卻會對銷售造成很大的影響，那麼在面對客戶的錯誤時，是否應該指出來呢？

⭐ 忽略客戶的小錯誤

如果客戶出現的錯誤不影響你們的交易，那麼為什麼非要指出他的錯誤造成尷尬呢？在銷售中忽略一些無傷大雅的小問題，才不至於讓客戶感

到尷尬而使交易失敗。

⭐ 客戶的理解錯誤要糾正

如果客戶犯的錯誤對交易有影響，業務員就應該做出糾正，避免阻礙銷售。而客戶對產品介紹的誤解，業務員一定要在第一時間向客戶解釋清楚，切忌因小失大。

即使把客戶奉為上帝，也要知道上帝也有出錯的時候。業務員一定要搞清楚客戶哪些錯誤可以忽略，哪些錯誤必須及時糾正。那麼，我們在遇到客戶出錯的時候應該怎麼處理呢？

1. **不要直接指出客戶的錯誤**

一位客戶曾經這樣說：「即使我錯了，我也不需要一個自作聰明的業務員來告訴我（或試著證明）。」面對客戶的錯誤，一定要有技巧地指出，委婉地給客戶一些提示，不要讓客戶感到尷尬和難堪。在指出客戶的錯誤時，千萬不要使用下面的方式：

⭐ 直接告訴客戶：你錯了

這樣會傷害到客戶的自尊心，任何一個客戶在面對業務員直接否定時，心裡都會不舒服，甚至惱羞成怒，接下來很可能找藉口離開。因此，無論客戶的錯誤有多嚴重都不能直接說「你錯了」。

⭐ 直接向客戶灌輸正確思想

業務員如果向客戶灌輸一大堆與他們意見相左的觀點，即使你沒有直接告訴客戶他錯了，你的每一句話也都包含了這層意思。所以，千萬別試圖用這種方法扭轉客戶的思維。

2. 旁徵博引法

有時候因為對產品的不瞭解，客戶會因此產生一些錯誤的想法，而錯失自己需要的產品；很多業務員也因為沒有及時糾正客戶的錯誤觀念，而錯過了交易的機會，使得交易失敗。其實業務員可以不著痕跡地用旁徵博引，來改變客戶的觀念。

例如，銷售保險時，有些客戶會認為買保險不吉利。這時，業務員可以試舉買了保險後交好運的例子，還可以使用一些反例，如：「是不是我們把汽車都砸了，就可以避免車禍的發生；把醫院查封了，人們就不會生病了？……」用一些案例改變客戶的舊觀念。

3. 圖示演繹法

業務員在做產品介紹時，如果僅僅是空口向客戶解釋產品的性能和優勢，可能會讓客戶的思維混亂。當發現客戶有疑問時，可以拿起筆來畫圖說明，利用畫圖說明產品的性能和優勢，使表達更加生動形象，防止客戶思維混亂。用圖解的方式還能增加你說明的清晰度和準確度，並且糾正客戶的很多稀奇古怪的想法，把客戶的觀念帶到最佳狀態。

4. 故事明理法

故事是前人的經驗總結，具有哲理、耐人尋味，還能給人警示，容易打動人心。故事具有劇情和趣味性，容易被客戶接受，所以用故事糾正客戶的錯誤理解，更容易打開客戶的心門。

跟客戶講故事時也有一些竅門。一般來說，講故事時可以省略前面的開場白，單刀直入地引用故事重點，最好能用幽默風趣的對話代替長篇大論的說教。只有客戶把故事聽進心裡，才能從中領會自己的錯誤。

5. 問題引導法

在面對客戶的錯誤觀點時，記得不要直接提出反對意見，可以向客戶詢問一些相關的問題，慢慢引導客戶的思路，讓他們自己意識到錯誤，從而主動做出改正。

6. 「後果自負」法

如果你確定客戶的觀點是錯誤的，但客戶卻對他們的觀點抱著肯定的態度，這時不要直接指出他的疏漏之處，只要告訴他後果自負，就能讓他冷靜下來，重新審視自己的方案。

總之，不管遇到什麼樣的客戶，也不管客戶到底是對是錯，業務員都絕對不能正面地指出客戶的錯誤，要有技巧地讓客戶主動改正錯誤觀點，讓客戶留下好印象。我們要隨時牢記自己的目的：讓客戶購買產品。

自信地拒絕客戶無理的要求

作為業務員，與客戶打交道是每天必須做的事情。但在與客戶打交道的過程中，買賣雙方立場不可能完全相同，難免發生矛盾和衝突。在這種情況下，該如何巧妙維護公司的利益，穩定客戶的情緒呢？這需要業務員豐富的經驗和高度的智慧。

經驗豐富的業務員能夠充分運用各種因素，協調公司、客戶之間的利益關係，不但能夠為客戶著想，也能夠為公司謀利。他們不但掌握基本的銷售技巧，在與客戶產生矛盾時，還能夠化險為夷，將不利變為有利。

1. 如果遇到客戶提出一些不合理的要求，可以試著從客戶的角度出發，向其說明如果順從可能引發的利害關係，使客戶瞭解可能產生的損害，從而取得客戶的諒解。

　　客戶：「請問我買的房子，大概什麼時候可以交屋呀？」

　　業務員：「一般情況下，是簽完合約，收到頭期款三個月之後。」

　　客戶：「要這麼長時間呀，趕在一個月內完成行不行呢？」

　　業務員：「如果要求一個月內交屋的話，裝修人員就要趕工。您知道，慢工出細活，趕工的時候容易忙中出錯，最後影響您房子的裝修品質，那就划不來了。」

　　客戶：「噢，是這樣呀，那就按正常時程交屋吧。」

2. 向客戶說明，如果接受客戶的要求（一般是過分或無理的要求），自己將會受到什麼樣的處罰，由此爭取客戶的同情和諒解。

　　客戶：「小王呀，本來這個月要結清你們公司的三十萬貨款，但最近是我們的銷售旺季，進貨較多，挪用了一部分資金，這個月先結清十五萬，剩下十五萬下個月結清，行不行？」

　　小王：「李總呀，上次進貨的時候，由於您是我們多年的老經銷商，在正常進貨價的基礎上，我向公司提出特殊方案，額外申請了價格優惠，同時，還替貴公司多申請了一百件促銷禮品；因為這事還被公司檢討了一番，上個禮拜公司開業務會議的時候，業務總監還點名批評，要我做出檢討。李總呀，您可不能再讓我難做了。」

　　客戶：「噢，這樣阿。我們多年合作愉快，你也幫了我們經銷商不少

忙。好吧，資金再緊張，也要及時和你們公司結清貨款，可不能讓你再難做了。」

3. 有時候，客戶由於心情不好，或者客戶本身比較挑剔，他們會提出一些過分甚至是無理的要求。這時候，如果業務員沒有經驗，直接拒絕很容易造成雙方的不滿和矛盾。反之，有經驗的業務員會先平息客戶的情緒，消除爭議，待雙方氣氛緩和了，再進行銷售工作。

　　客戶：「小王呀，你們公司怎麼搞的，簽合約的時候寫明 5 月 10 日交貨，現在都 5 月 15 日了，一件貨都沒到。你說這件事怎麼處理？不行就退貨！」

　　小王：「李總呀，對不起，由於現在物流商人力吃緊，調撥給我們的人手不夠，造成部分經銷商延遲到貨。我們已額外申請了專案優惠，會再加送您 5% 的促銷贈品。不過您放心，您的貨已經在出貨了，預計 5 月 20 日就可以到了。對於這次我們造成的失誤，再次向您道歉。說退貨多傷感情呀，我們合作了這麼久，平時也幫您不少忙，您不看僧面看佛面，就再給我一個機會吧。」

　　客戶：「好吧，大家都不容易，這次就算了。不過我的貨你下次可要多注意點。」

4. 在進行商業談判的時候，有的客戶比較難纏，實施強硬政策，單方面要求對方讓步。對於這種客戶千萬不要硬碰硬，要巧妙周旋、不輕易讓步；即使讓步，也要架構在讓小步的基礎上，換取對方讓大步或對等讓步。

客戶：「小王呀，我們是 A 地區的經銷商大戶，在這裡，只要我們稱自己是第二，沒有人敢說他是第一。你們要進入 A 地區還要通過我們。這樣吧，進貨價格就再降 5% 吧。」

小王：「李總呀，對於貴公司的實力，我們當然是知道的，要不然也不會跟您合作這麼久，但這次給您的價格已經是最低價了。要不然，你再多進 30% 的貨，我向總部提出申請，要求進貨價再降低 2%，但是不知道能不能批下來。」

5. 有的客戶對產品某些方面不滿意，比如：價格、款式、顏色等。這時候，有經驗的業務員會引導客戶，多向客戶強調產品其它方面的優點，無形之中就轉移了客戶的話題，將主導權把握在自己手中。

客戶：「小王呀，你們的產品總體而言還可以，但有一點我不滿意，就是價格比 A 公司要高出 10%。」

小王：「李總呀，我們公司的產品價格確實要比其他公司高一點，但一分錢一分貨，貴有貴的道理，我們的品質較好，產品壽命長，使用起來較安心，這樣您也可以少操點心。您看這是 B 市場研究公司提供的研究報告，我們的產品比 A 公司產品的使用者投訴數量少 33.3%，使用壽命長 42%，用戶滿意度高 28%。可見賣我們的產品您會少操不少心，有時間賺更多的錢。」

6. 在與客戶談判時，可以由兩位業務員組合談判，事前明確分工，一個扮白臉，演好人，一個扮黑臉，演壞人。這樣，在與客戶僵持的時候，

白臉可以穩住客戶，黑臉可以探出客戶的底線，維護公司利益。

客戶：「小王呀，談了這麼久，其他條款都談得差不多了，就是價格沒有談妥。這樣吧，我也不想再拖下去了，你們再降 8%，不行就拉倒。」

業務員 A：「李總呀，談了這麼久，正說明我們雙方的緣分。本次談判我們已經做出最大的讓步，不信，你看看其他經銷商的進貨合約。」

業務員 B：「李總，您要求的價格真是太低了，我們實在難以接受。在貴地區，我們跟其他經銷商談的價格比這個價格要高得多。如果我們跟其他經銷商做，利潤會高很多。」

客戶：「我承認要求的價格是有點低，可是我們是這個地區實力最大的經銷商呀，這樣吧，你們再降 5% 怎麼樣？」

7. 對客戶提出來的一些非分要求或者我們近期難以滿足的要求，業務員可以將責任推給他人。讓其他人來處理這些問題，自己騰出時間來處理重要的工作。這一招在新舊人員更換的時候尤為見效。

客戶：「小王呀，你們怎麼搞的，上次出貨的時候，我要求多送 15% 的促銷品，你們公司為什麼沒送？」

小王：「李總呀，我們公司對促銷品的發放有明確的規定，是由市場部處理，具體情況我也不太清楚。我回去打電話到市場部問一問。不過說實話，促銷品數量還是市場部決定。我們畢竟人微言輕呀，這一點，還請您多諒解。」

6 時代在變，
你的銷售模式怎能不做改變？

利用網路發燒起來的電子商務平台已趨近成熟，讓廣大的消費者能夠透過網路實現購物和付費，這種模式不但節省了客戶與企業的時間和空間，更大大提高了交易效率。網路是用來提高效率的工具，它正在成為現代社會生活的基礎設施之一，十分普及。網路也已滲透到了商業的每一個角落，從研發、製造、生產、採購，到銷售、售後服務，網路都可以與之做最好的配合銜接。不僅僅是電商企業，每個企業要想在同業中脫穎而出都離不開網路思維的指導，傳統企業更需要學習網路思維；但事實上，很多傳統的企業並不完全懂得善用網路，他們也不敢踏進電商的門檻。

即便你不是電商，也要有網路行銷思維 ✦

作為一個企業，也許你不做電商，但在日新月異的市場環境下，你一定要懂得網路行銷思維。網路行銷思維不但適用於電商企業，能給電商企業帶來更大的利益，同時也能夠給非電商企業帶來靈感和捷徑。身為業務員更要有網路行銷思維，可能你做的事情跟網路沒有關聯，但你要換個角度，逐漸以網路的思維方式去想問題，運用網路行銷思維，才能打造屬於自己的銷售方式。

　　那麼，什麼才是網路行銷思維呢？網路行銷思維又有哪些地方是非電商可以學習和借鏡的呢？

　　網路行銷思維不是電商，更不是把產品進行包裝之後，便放在網路上出售，網路行銷思維的本質是要跟客戶的互動變得高效便捷。具體說來網路行銷思維大致可以從以下幾點來分析：

1. 用戶思維

　　網路行銷思維的首要任務就是用戶至上，傳統的企業也離不開這一點。這種理念不是虛假的自我標榜，而是真的以用戶為中心，借助用戶體驗和用戶回饋、分享及互動，從而知道用戶的真正所需，準確地抓住用戶的「尖叫點」，然後快速且持續地改進產品，超出使用者的預期，刺激消費，增加收益。

　　說得再簡單一些，就是讓用戶喜歡你。如果用戶喜歡你，要知道他喜歡你的理由，選擇你能給他帶來什麼好處；如果他不喜歡你，就要知道他不喜歡你的理由，哪些地方令他討厭反感。真正站在用戶的角度考慮問題才能對症下藥做好產品，做好行銷，對用戶以誠相待，關心、瞭解用戶，才能變複雜為簡單，變繁瑣為方便。行銷時替用戶把關，解決用戶難題，和用戶分享、包容、互動和溝通，這就是用戶思維。

2. 產品思維

　　產品思維是網路思維的核心，而產品思維的核心就是要將產品做到極致。琢磨用戶心理很重要，但更重要的是能夠讓自己的產品和服務滿足用戶的需求。

　　有些企業剛做出點成績，就開始在行銷上花心思，演講、出書、辦發

表會……也許企業推廣做得很成功，但產品卻沒有一點進步甚至不如從前，導致很多的用戶慕名而來，但產品卻經不起推敲，不能帶給用戶超出預期的體驗，那前面所有的努力都將歸為零。無論是網路行業還是傳統行業，都要有用戶思維，從用戶的回饋中尋找切入點，不斷完善產品的功能與品質，只有把產品做到極致，才能超出用戶的預期，被大眾接受並保持熱度；如果產品不被人看好，再多的行銷思維也沒用，產品和服務才是發展的根本，產品決定一切。

3. 創新思維

業務員要適應快速發展的市場，在激烈的競爭中站穩腳跟，就要有創新思維。而網路經濟下能夠大膽創新的典型商業模式就是免費策略，傳統行業要想與網路行業做競爭，就要在價格上下功夫。眾所周知，網路銷售的價格基本上都低於實體經營者出售的價格，這是因為網路銷售具有便利的銷售管道、全面的資訊傳播，業務員若想要競爭，就要借鏡網路的免費思維。

收費變免費，貴的變便宜，借助這一創新爭取客戶，鎖定客戶。而免費是為了更好地收費，當消費者品嚐到免費給自身帶來的甜頭之後，進而產生消費的衝動。再次強調，免費的目的是為了未來收費，透過免費產品推廣兜售其他收費產品，透過免費體驗帶動用戶付費使用。一個客戶免費體驗，由他介紹來的客戶付費，一環扣一環，即使銷量可能不漂亮，但也能帶來一定的收益。免費的創新思維是透過降低門檻來吸引客戶，透過提升客戶體驗刺激消費。需要注意的是，在制訂價格創新策略時，不能盲目跟風，要根據實際情況量力而行。

4. 引爆點思維

　　前面講了使用者、產品和價格這些都與發展息息相關的問題，接下來就是行銷策略了。行銷就是要讓更多的人看到、聽到、被吸引到，而最熱門的事情總是最吸引人的，運用到銷售上可以稱之為「引爆點」。引爆點思維不但網路行業可以用，傳統行業也同樣適用；無論什麼時候，我們的生活中總是不缺少各種各樣的新聞話題，而人們又熱衷於談論那些焦點人物、焦點事件，這些都可以為銷售的引爆點服務。讓產品和服務搭乘最新的焦點列車，製造話題引起大眾的好奇心，從而成功達到行銷。而要注意的是，避免行銷「大於」產品的情況，實際產品要與行銷宣傳的保持一致，滿足用戶的期望值。

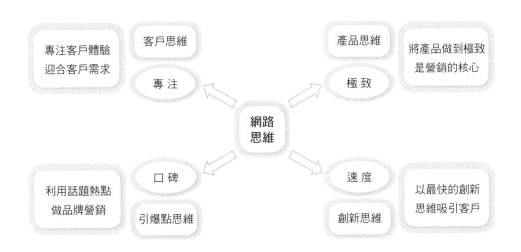

　　不是只有網路公司才需要網路思維，網路思維將成為每個人必須要思考和實踐的內容。網路思維是我們都需要懂的思維，因為我們身處網路高速發展期，即使不想瞭解網路思維，網路也會顛覆我們的生活習慣，甚至思考方式，與其被動接受，不如主動學習。

🎯 常見的網路行銷誤區 ✦

網路已經和人們的工作、生活緊密相聯，息息相關，隨著網路競爭力不斷的增強，越來越多老闆們開始意識到了網路行銷的重要性。網路的迅速發展，也讓很多老闆們都躍躍欲試，打算借助網路的便捷尋找一條發財之路。但事實卻很殘酷，網路行銷方式更新替換得很快，很多人在加入網路行銷大軍之前並沒有做好全面的學習和準備，缺乏系統的網路行銷知識，理解上存在誤區，盲目地進行網路行銷，其結果必定是多走不少彎路，輕者嚴重阻礙成長，重者則斷送產品生命。

有些業務員雖然已經意識到網路行銷的重要性，也有想主動向網路靠攏，但思維卻沒有完全與網路行銷相融合，進而導致其走入網路行銷的誤區。進行網路行銷時常常會出現以下幾種誤區，只有走出這些誤區，才能做好行銷。

1. 只抓網路行銷，放手傳統銷售，顧此失彼

傳統企業在向網路行銷模式轉化時，往往把過多的精力放在了線上網路行銷上，忽略了線下的傳統銷售。網路銷售模式應該是線上與線下的完美結合，單純地只做網路行銷就是「一根筋」；只有以線下的實體銷售做堅強後盾，才會有線上行銷的百花齊放。網路行銷不光是侷限於網上，一個縝密完整的網路行銷方案，不但要有創新的網上推廣，還要有配套的傳統銷售做呼應，這樣才能夠做到行銷的多樣性和多方位傳播性。

產品特性不同，目標使用者不同，當然要採用多樣的行銷方式。一定要避免只抓網路行銷，就放手傳統銷售的誤區，將傳統銷售與網路行銷相融合，做到網下門店，網上行銷；網上推廣，網下配合；網上網下互動行

銷；網上前臺，網下後臺；網下體驗，網上下單；線上線下互動同步，用良好的線上線下服務，打造整體的品牌形象。

2. 網站建設有頭無尾，大數據形式化未盡其用

一般企業向網路行銷過渡，業務員們大多都會想到要企業建設品牌網站，甚至有人認為建設企業網站就代表網路行銷，就會有人主動瀏覽內容、聯繫合作，這是網路行銷的一大致命誤區。

網站建設只是網路行銷的第一步，接下來還要做網站的推廣、產品的推廣，借助搜尋引擎關鍵字、熱門網站廣告連結等方式，從被動等待使用者變為主動出擊，加快產品資訊的傳播和擴散；同時還要做好網站內容的更新和介面的改良，避免潛在使用者瀏覽資訊時，發現網站上還是幾個月前的內容，誰都想看到最新的動態和資訊，所以只有做好更新改良才能吸引用戶。

還有很關鍵的一點，也是大多數企業所忽略的，網站背後隱藏著大數據跟流量。企業網站就如同 CRM（客戶關係管理）系統一樣，員工們都會把使用者資訊輸入進去，卻沒有經常做後臺整理，很多企業的大數據都是形式化，沒有發揮其真正的作用，失去了其存在的意義。數據要及時採集，還要整理加工，更要分析利用，充分利用網路的資訊資源做好大數據的分析和利用，才能及時捕捉使用者需求、目標人群、客流量等資訊，使企業成為行業領軍者。

3. 把網路行銷單純地看作是網站推廣

網站推廣只是網路行銷的一個環節、一個組成部分，而有些業務員卻把網路行銷單純地看作是網站推廣，這是一大誤區。網站推廣帶來的是快

速成長的點擊量和訪問量，並非是成交量、訂單量。網站推廣是網路行銷的手段之一，而一個有計畫的網路行銷方案除了網站推廣外，還會有相關的配套措施，如線上購買模式的引入、使用者體驗活動的實施等。在做網站推廣的同時，一定要擬定一個縝密且有系統的網路行銷計畫，這樣才能達到行銷預期的效果。

網路行銷的注意事項

網路行銷的應用越來越廣泛，涵蓋我們生活中的各行各業，滲透到人們的食衣住行。不論是大型企業還是中小型企業，他們透過網路從線下走到線上，從現實走進虛擬，大多都在開展網路行銷中獲得了收益，同時體驗了資訊化時代網路行銷的優勢。但也不乏這樣的業務員，在剛開始進行網路行銷宣傳推廣活動時，由於對網路行銷沒有清晰的概念和深入的理解，或者因為沒有做好網路行銷計畫而匆忙實行，導致不必要的損失。

網路行銷不是簡單的資訊發佈、網站推廣，網路行銷的開展需要擬定行銷目標與計畫，需要全方位的配套設施與支持。那麼，網路行銷有哪些注意事項？

1. 從消費者的需求出發，吸引網路客戶的注意力

網路行銷的產品和服務種類繁多，覆蓋層面廣泛，首先要考慮的應該是如何才能讓自己脫穎而出，從而吸引消費者或潛在消費者的注意力；那就要從消費者的角度出發，想一想消費者如果有購買需求，會注重產品的哪些品質，或是在搜尋引擎裡輸入什麼關鍵字。同時，在製作行銷資訊時，要重點突出產品的品質、優勢與亮點，運用新穎獨特的方式呈現，抓住消

費者的目光，留下深刻印象。

　　網路具有資訊共用、交流成本低廉、傳播速度快等特點，現今網路迅速發展，資訊浩如煙海，對於消費者來說，這些資訊是相對過剩的。他們缺少的不是資訊，而是能夠吸引自己注意力、滿足自身實際需求的最佳產品。從消費者的角度出發，感受他們的最佳需求，是吸引消費者注意力的首要條件，然後再根據實際情況擬定相應的方法和策略，實現網路行銷，用亮點吸引客戶，而非不斷地用廣告進行「轟炸」，或是進行死纏爛打的方式推銷。那些強行向客戶灌輸資訊的方式，只會令客戶產生反感，避而遠之。只有讀懂他們的需求，透過創新策劃，才能創造出與客戶需求相匹配的產品特色或者服務特色，從而吸引網路客戶的注意力。

2. 讓價格成為優勢，吸引客戶，戰勝競爭對手

　　網路行銷的開展仰賴飛速發展的資訊網路，而資訊網路又為客戶提供準確而廣泛的價值資訊，這些十分便利的條件，有利於客戶對不同企業的產品和服務的價值進行比較和評估，從而選出最適合自己的商品。所以，要想在網路行銷中戰勝對手，吸引更多的潛在客戶，就要在產品價格上做出讓步，向客戶提供比競爭對手更優惠的政策。

　　從另一個角度上來說，產品的線上銷售價格大多都會低於線下銷售價格，因為線上銷售能節省一定的資金投入，如店面租金、人工成本、水電費用等支出。因此，線上銷售就應該把競爭對手定位在同樣採用網路行銷的產品，考慮如何提高產品價值和服務價值，降低生產與銷售成本，以最低的價格吸引客戶，在網路行銷戰中取得勝利。

3. 樹立品牌效應，築建長期工程

　　網路行銷最忌諱的就是目光短淺，企業跟業務員應該把銷售的目標放長遠一點，不但品質、價格、服務上優於別人，還要樹立起品牌效應，把網路行銷當作一項長期工程。這就好比網路商店的評價，需要日積月累才能換來，而客戶們總喜歡在信譽度高的店家或品牌旗艦店選購商品，選購起來較放心，售後較有保障。有些企業可能兩三筆訂單就賺回行銷成本，於是開始失去網路行銷的耐性，而有些企業則因為短時間內效果不明顯而退出，這都不利於品牌效應的形成。

　　做好品牌行銷，業務員要在不斷提高產品和服務品質的同時，輔以恰當的形象推廣，提高品牌的知名度、美譽度，最終樹立起大眾信賴的網路品牌。對網路品牌的行銷，既有利於發掘潛在的新客戶，又有利於留住老客戶，促成老客戶重複購買；一舉多得，何樂而不為呢？

4. 建立自己的朋友圈，做好關係行銷

　　網路行銷從某種意義上來說更是一種資源整合，我需要你賣的化妝品；他需要我賣的美味食品；而你正需要他賣的暢銷書籍，這就是我們的「朋友圈」，也是我們做好關係行銷的優勢所在。

　　現代市場行銷的發展趨勢已漸漸從一般的交易行銷轉變為關係行銷，一名厲害的業務員不僅能夠贏得客戶，而且能夠長期地擁有客戶，建立關係行銷，是永久保留客戶的制勝法寶。所以要放棄短期利益，把目標轉向長遠利益，和客戶建立起友好的合作關係，透過與客戶建立長期穩定的關係，實現長期擁有客戶的目標。

　　不管是對企業或是零售商家，網路無疑是給他們提供了一個最佳的銷

售平臺。越來越多的企業選擇網上銷售，因為網上銷售經營成本低，庫存壓力小，受眾人群多且廣，產品資訊回饋及時且真實。網路銷售突破了傳統商務面臨的障礙，成為企業佔領市場的理想工具；快速成長的智慧手機使用覆蓋率也給行動商務創造了更多的機會與市場。

隨著網路不斷地擴展，國內網路購物的使用者數量也不斷地上升。對於一些傳統企業來說，傳統的行銷手段已經無法佔有市場，如果想把銷售管道打開，這些企業跟業務員就要借助網路平臺，結合網路行銷的新思維和新方法，重新調整銷售戰略，整合銷售管道。網際網路已經深入人們的生活，更改變著人們的消費習慣，也考驗著你順應環境的能力。

用網路創造你的業務續航力 ✦

為何有越來越多的買方在交易過程中想要避開業務員？根據佛瑞斯特研究公司（Forrester）的分析，業務員傾向把銷售意圖看得比客戶需求重要。如果企業不改變他們過時的思考方式，為今日的數位時代創造新的有效銷售模式，佛瑞斯特研究公司預言在 2020 年時，自助型電子商務會導致一百萬名業務員失去工作。

傳統的銷售模式日漸式微，首要解決之道是社群銷售（Social selling），這是一種把社群媒體納入銷售工具的策略。業務員做社群銷售，是運用社群媒體平臺，藉由分享具教育性的內容和回答問題，進行研究、預測和建立人際網絡。因此，他們可以先與潛在客戶建立關係，等到他們打算購買的時候，成交過程會順利很多。

而網路銷售前你要先釐清，社群銷售跟社群媒體行銷的不同，後者是要吸引很多人注意，目的是要製作一些內容，好讓使用者拿來跟別人分

享，藉此增加整體的品牌意識，或是推廣一項特定的產品或服務；社群銷售則著重在產出主題明確的內容，好讓業務員和買方進行一對一的溝通。

雖然這兩種策略都從消費者的角度來創造有價值的內容，並運用類似的社群網絡和社群軟體工具，但社群銷售的目標，是讓業務員能與每位潛在客戶建立關係，提供他們建議、回答問題，而不是要讓人們喜愛企業的品牌。

現今手機已成為人們生活的一部份，你是否還記得 Facebook 剛開始流行時，很多企業還規定上班時間不能使用 Facebook，而現在這類禁止已經比較少聽聞了。Facebook 的應用已不限於私領域，工作聯繫、業務推動、行銷，它都是將這些串連的重要平台。身為業務員，社群媒體其實是很好的媒介，使用手機的同時，一邊經營客戶、開發客戶，提升業務競爭力。

而且，Facebook 及 LINE 更適合用來經營客戶關係。以 Facebook 來說，你可設立公開社團或經營 Facebook 粉絲專頁，提供一般人詢問相關的問題，培養潛在客戶。你也可以設立 Facebook 私密社團邀請已成交的客戶加入，提供最新的資訊服務，例如在社團中可以發布最新的產品記者會活動，也可以發布新商品資訊……等等，當然任何訊息的發布都要遵守個資保護及有關版權的法律規範。

而 LINE 的群組功能也類似 Facebook 的私密社團，聊天的功能則跟 Facebook 推出的 Messenger 相仿，有的客戶習慣使用 Facebook，有的習慣使用 LINE，所以你可以同時運用這二種工具，同步更新動態。但如果你沒有時間經營 Facebook 私密社團或 LINE 群組，就維持一般模式，與客戶保持個別聯絡，免得社團或群組太冷清，反而造成銷售上的反效果，得不償失。

除了傳統的客戶拜訪外，手機通訊軟體也可用來開發陌生客戶，其實有很多業務員已經懂得利用微信（WeChat）及 Bee Talk 通訊軟體中的「尋找附近的人」功能認識陌生人，透過聊天建立朋友關係、邀約面談。那要如何使用 LINE 來開發陌生客戶呢？你可以設法讓自己加入很多不同的 LINE 群組，然後再與 LINE 群組內的人加朋友。若能利用社群來擴展人脈，便能替自己增加更多的成交機會。那又該如何運用這些社群平台經營客戶，甚至服務客戶、滲透客戶的心呢？

1. 拜訪客戶前先拜訪 Facebook

拜訪客戶前記得先去他的 Facebook 看一看。久未見面的客戶，碰面時如果用一句：「最近還好嗎？」作為開場問候，不免聽起來有些生疏，也顯示出彼此的連結較薄弱。所以，先去客戶 Facebook 看一下，掌握他的近況，譬如客戶最近去北海道，你可以聊聊：「你最近去北海道，好玩嗎？」或者你最近看到客戶的公司舉辦一個活動，他在活動上打卡，你可以問他：「聽說你公司上週辦了一個活動，活動成功嗎？」或「那個活動是在做什麼的？」當你直接說出他的近況、與他做互動，客戶會感受到：「你平常就在關心我。」瞬間拉近彼此距離，也不用每一次碰面都感覺生疏，要重新建立彼此關係。

2. 人脈分類管理

妥善利用 Facebook、LINE 管理你的人脈，根據好友名單做人脈分類。以 LINE 來講，很多人會用「群組」來做分類；Facebook 的話，你可以在每一個名單上以「組」分類，最大的好處是，例如你將自己Facebook 的朋友分成了 VIP 客戶、社團（例如扶輪社）的朋友、同學、

準備成交的客戶……等等，定期到他的頁面上看看最近他們發生了什麼事情，進而跟他產生連結、互動。

3. 定期給對方按讚互動

記得要定期跟你的人脈互動。做業務工作有一個最大的辛苦就是：「有些客戶會覺得我們平常沒有在做服務，約碰面就是要談銷售。」一般人對保險業或傳直銷的業務員可能有一種負面印象：「你平常也沒有在聯繫我，找我的時候就是要賣我東西。」

事實上，只要業務員在社群平台定期與客戶互動，不管是傳個LINE，或是去 Facebook 留個言、按個讚也好，你會發現這樣是最沒有壓力的互動方式，因為面對面或者打電話，不管客戶接受不接受，雙方多少會有點壓力。反之，若在社群上有所互動，客戶可能會覺得「你還記得他」，下次見面也不會再有那種「你平常沒有在服務我，只有需要業績的時候才找我」的感受。

而有心經營網路社群的業務員，網路上勢必會有粉絲，他們未必是你真正認識的朋友、客戶，雖然有一定程度的熟悉，但多半僅在網路上互動。那麼，該怎麼做才能讓粉絲慢慢變成自己的客戶，或者讓現有的客戶變成追著你的「鐵粉」呢？

1. 常分享有用的資訊

業務員在網路上分享資訊有一個重要的原則：要站在對方的角度想。先思考，誰用得上這則資訊？你的粉絲有多少比例有這樣的需求？確認需求，內容也要有所考量，舉例來說，你公司的產品也許很好，但直接發布

產品訊息在 Facebook，可能會讓人覺得你在打廣告；倘若換個方式，分享產品相關的知識、資訊，反而能獲得更多的迴響。例如，你賣的是健康食品，如果僅發布健康食品的產品訊息，就可能讓人覺得是廣告，但如果是一些健康觀念或常識，這時候追蹤你的人就會認為你懂得他的需要；再舉一例，如果你是賣金融，你說這基金的投資報酬率有多好，人家會覺得你是在老王賣瓜，但如果是發佈金融趨勢或儲蓄為什麼很重要，以及如何慎選理財商品等等，那他們就會覺得這些有幫助且自行評估，反而讓你的產品可信度提升。

2. 善用「標籤（Tag）」表達感謝

沒有人會拒絕別人的感謝，當你拜訪一個客戶，即使還沒成交，你還是可以謝謝他給你這個機會，交情好一點的，還可以直接 Tag 客戶的名字。另一種表達感謝方式是，當你獲得公司的獎勵出國旅遊，可以在發布照片時，帶上一句「其實我要謝謝這三位特別支持我的客戶，我才可以達到目標。」這個動作的好處是能讓客戶更參與你的工作、你的生活與喜悅，如此一來他們就有可能從客戶變成緊密度更高的鐵粉甚至成為你的朋友。

3. 辦個小活動提升參與感

你辦的活動若能結合線上跟線下，就再好不過。如果公司有任何的活動進行，你可以馬上發布在網路上與人互動、進行意見交流或是心得分享，讓大家覺得在網路上跟你互動，感受到人情味，日後也就可以創造更多面對面的機會，也許還有機會建立客戶關係，增加黏著度，成為你的鐵粉。

第二部分

加強銷售的
防禦力

要你把客戶安撫的
妥妥貼貼

　　銷售，是一個永遠不會沒落的行業，在這個行業裡永遠蘊藏著美好的前景和機會。有人說：做業務是最賺錢的，但做過業務的人都知道，業務的錢是最不好賺的。銷售的廣闊，不是能跟合適的人相處得投機，而是要能跟難搞的客戶從容地往來周旋，能夠用自己的能量去化解客戶的抱怨。

Chapter 7 客戶抱怨不可怕，勇於正視它

我們都能深刻地體會到，在銷售的過程當中，很多客戶的表現都會打擊業務員的積極性，例如客戶總沒有理由地拒絕業務員；客戶為了獲得更多的優惠，使用假異議，有意無意的挑剔產品或服務方面的問題；還有些客戶會在心情不好的時候把抱怨和不滿，沒理由地發洩到業務員身上……如果你不能及時調整心態，就會因為客戶的這些行為在心中積聚負能量，久而久之便影響到銷售工作。所以，業務員不僅自己不能抱怨，還要想方設法地解決客戶的抱怨，用自身的正能量去化解客戶的抱怨，並再將負能量轉換為自身的正能量，鞭策自己的缺失，更驅使自己能夠進步。

現今各大企業都已經開始注重服務的品質，在以前，客戶將產品買回家使用，即代表著交易結束，而現在這反而是銷售的開始。因為一旦客戶在使用的過程中稍有不滿，就可能抱怨連連；如果客戶的抱怨得不到妥善解決，這些問題造成的損失不但要自己承擔，甚至還可能造成一些負面言論，影響公司以及個人未來的銷售情況。

面對客戶各式各樣的抱怨，如果你沒有方法和技巧處理，又沒有足夠的正能量去抵擋這種負面情緒的侵擾，絕對會被客戶的抱怨牽著鼻子走，深陷在這場抱怨當中，和客戶之間相互以怨報怨。長久下來，不但解決不了客戶的抱怨，反而會讓自己變得越來越消極，讓客戶的抱怨也越來越嚴重。

🎯 害怕客戶抱怨無濟於事 ✦

俗話說：「兵來將擋，水來土掩。」不管你害怕也好、喜歡也罷，該來的都會來，想躲也躲不掉。有很多人在面對客戶的抱怨時，由於不知道該如何處理，只會逃避、躲起來，害怕客戶找自己麻煩。但自己惹出的事都不去解決，難道還靠別人解決？就算這次有人幫忙解決，也不能保證下次不再犯錯、不會出現其他的問題。所以，面對客戶的抱怨，害怕是沒有用的，業務員要勇敢面對，然後想辦法解決。

一般在工作中，有些人面對抱怨時，往往會因為某種原因而害怕，總想迴避客戶，希望過一段時間之後，客戶的抱怨會自行消除。然而，這樣不但不能平息客戶的抱怨，還會使客戶的抱怨越來越嚴重；所以在面對客戶抱怨時，害怕是毫無意義的，因為你越是害怕它，越是無法甩掉它，除非想辦法解決。

因此，當面對客戶的抱怨和不滿時，你應該要有積極的態度，勇於正視客戶的抱怨，把抱怨視為客戶的一種權利。不妨把「抱怨」當成自我提升的鍛鍊機會，這樣我們就不會再害怕面對客戶的抱怨。那麼，應該怎麼看待抱怨，才能把客戶的抱怨當成自我提升的機會呢？

1. 把抱怨當成對業務員的鞭策

做到讓客戶滿意是業務員的職責和義務。如果客戶心存抱怨，證明業務員還有需要改進的地方，需要將服務做得更好、更加完善。此時，客戶的抱怨就成了對業務員的鞭策，促使你努力地提供更好的服務。這樣才能不斷精益求精，將自己的工作做到極致。

2. 把抱怨當成一種暗示

如果下雨天屋內漏水了，肯定是屋頂出現了破洞，如果屋頂沒破，雨就不可能漏下來。對於客戶突如其來的抱怨也是一樣，這證明服務可能出現了差錯，或者還存在嚴重的不足，能有效地提醒你想辦法提升服務品質。從這種角度來看，客戶的抱怨是協助你改善工作。因此，你要用積極的心態對待並感謝客戶的抱怨，從而使抱怨向正面因素轉化。

3. 把抱怨當成動力

持消極心態的業務員會將客戶的抱怨想像為絆腳石；持積極心態的業務員則把這塊石頭轉變成墊腳石踩過去，從而獲得更大的收穫。因此面對工作中的各種抱怨，要把它當成一種學習機會，通過鍛煉提升解決問題的能力，加以緩解自己恐懼的心理。當你解決問題的能力慢慢提升，到了能夠從容面對各種抱怨後，自然就不會再害怕客戶的種種抱怨了。

故意躲避不是辦法

責任是用來擔當的，錯誤是用來改正的，抱怨是需要正視解決的。有些人遇到問題，喜歡像鴕鳥那樣把頭埋在沙子裡面，等待威脅過去再出來，結果往往適得其反。

林肯（Abraham Lincoln）說：「人一旦受到責任感的驅使，就能創造出奇蹟來。」面對客戶的抱怨也是一樣，如果只會一味地逃避客戶的抱怨，不積極採取應對措施，一旦抱怨得不到妥善解決，客戶就會產生負面情緒，從而影響銷售的進行。所以，面對客戶的抱怨時，要積極、勇敢，運用適當的方法處理客戶抱怨，這也是業務員應該掌握的一項基本功。

楊俊皓的自行車腳踏板摔壞了，他來到一家自行車配件店，想買一個更持久耐用的腳踏板，當時店員王俊傑正在整理貨架，見到楊俊皓來了之後便問：「你好，想買什麼？」

楊俊皓：「我想給自行車配一個品質好一點的腳踏板，你有什麼推薦嗎？」

王俊傑拿出最新的樣式給楊俊皓，說：「這是新上市的，用的都是抗摔而且輕巧的材料，非常適合像你這種喜歡越野的愛好者。」

楊俊皓：「真的耐用嗎？」

王俊傑：「你放心，有問題你來找我。」

楊俊皓見他這麼自信，就付錢買了一對，王俊傑見旁邊有一對拆開的，於是就直接拿來裝上。裝上之後，王俊傑才發現，那一對拆開的腳踏板有點問題，但是楊俊皓已經騎車走了。

過沒幾天，楊俊皓騎著車過來，剛進門就抱怨道：「你們賣的是什麼東西啊？我花一百多元買對腳踏板，還騎沒一個星期就壞了，你們自己看看。」

當時王俊傑正在倉庫理貨，聽到楊俊皓在外面喊，害怕要承擔責任，便繼續躲在裡面整理倉庫，故意不出來。

楊俊皓在店裡轉了一圈，沒看到王俊傑，便問：「你們那個賣貨的店員呢？」

工作人員莫名其妙，回道：「我們都是店員啊，您找哪一個？有什麼事情嗎？」

楊俊皓：「我找那天賣腳踏板給我的店員，他說可以用很久，如果有問題就直接來找他。結果……你們看，我用了才幾天，就裂開了。」

　　工作人員回答說：「我們都在這裡，看看有沒有您要找的人，而且，您確定是在我們這裡買的嗎？發票帶了沒有？」

　　楊俊皓又仔細看了一遍，沒看到王俊傑，說：「我當然是在你們這裡買的，那天我買完之後就走了，發票什麼的我都忘記拿了。」

　　工作人員看了看腳踏板，說道：「這種腳踏板特別耐用，如果你才買了幾天，不可能出現這種情況，而且你沒帶發票，當事人也不在這裡，我們很難做主。」

　　楊俊皓找到店長，說：「希望你能讓所有的員工集合一下，我一定要找到那個店員，讓他彌補對我造成的損失。」

　　王俊傑因為害怕承擔責任而躲在倉庫不敢出來面對，但就算他現在不出來解決，最終還是要面對，而且逃避只會讓問題越來越嚴重。

　　俗話說：「躲得了初一，躲不過十五。」該解決的問題，就算躲起來，它也不會自行解決，只會越拖越嚴重，加大問題的處理難度。尤其作為業務員，如果碰到客戶的抱怨就躲在一旁不敢出來，那就永遠做不好銷售。

　　所以，當你面對客戶的抱怨時，不要想能不能處理好，而是要先站出來把客戶接待好，儘快解決客戶的抱怨和疑問，而不是逃避責任。如果王俊傑能夠站出來，將事情的原委向楊俊皓解釋清楚，主動給楊俊皓解決問題，這對誰都是最好的結果。

　　那麼，業務員在工作當中，應該怎樣面對客戶的抱怨呢？

1. 建立責任感

　　在工作中，由於自身的惰性，有些業務員對工作往往採取一種事不關己、得過且過的態度，面對問題，不到火燒眉毛絕不會主動解決，缺乏對

工作的責任感。所以，你應該建立責任感，知道工作不是混日子，是為了完成目標而努力工作，知道自己的努力不僅僅是為公司負責，也是為客戶、為自己負責，更是為自己的未來負責，要肩負著責任感去面對客戶的每一次抱怨，把解決客戶的抱怨當成自己的責任。如此，就不會再躲避客戶的抱怨了。

2. 把解決抱怨當成一種目標

　　當人有了目標之後，就會為了達成目標而奮鬥不懈、努力。在面對客戶的抱怨時，比起花費心思躲避客戶，不如想些辦法去滿足客戶，將滿足客戶當成自己的目標。可以每天給自己制訂一個計畫，制訂每天需要解決多少個客戶的抱怨，超過制訂的目標，就用適當獎勵來鼓勵自己。這樣就會為了完成目標而主動去迎接客戶抱怨，並且享受解決抱怨給自己帶來的成就感，再也不會刻意去逃避客戶的抱怨了。

正確應對

　　當時王俊傑正在倉庫理貨，聽到楊俊皓在外面喊，知道自己那天拿錯的產品出問題了，他趕緊放下手裡的工作走了出去，對楊俊皓說道：「實在不好意思，先生，您終於來了，這樣我心裡也踏實了。」

　　楊俊皓指著腳踏板，說：「這就是你說的持久耐用？連一個星期都不到。」

　　王俊傑：「是這樣的，先生，那天幫您裝的時候我沒注意，直接拿了一對拆開的踏板裝上，當時我以為是新的，後來才知道那對是被壓壞的，想馬上給您換，但您已經騎車走了。現在您來了，我正好給

您換個新的。」

楊俊皓：「算了，誰知道你們這裡是不是都這樣的貨，你還是給我退了，我另外再買。」

王俊傑：「如果您不相信的話，可以上網去看看車友們對這款踏板的評論，看看他們使用的心得。如果您換了新的之後還是騎了不到一星期就出問題了，我自己掏錢再給您換一次，您看行嗎？」

楊俊皓看他如此真誠，而且也挺講信用的，於是答應了換一對新的踏板。

抱怨來了，積極面對

亨利・門肯（H. L. Mencken）說：「人活著總是有趣的，即便是煩惱也是有趣的。」在銷售的過程當中，對於客戶的抱怨，業務員最終都要面對、處理，與其消極面對，不如積極解決。這樣才是一個富有正能量的業務員。

如果總是以消極的心態處理客戶的抱怨，結果肯定也是消極的；相反，如果以積極的心態面對，往往能有效地解決抱怨，產生更好的效果。所以，唯有將心態擺正，積極面對工作中的問題，才能抓住其中每一個機會。

那麼，在實際工作中，該如何積極處理客戶的抱怨呢？

1. 不要試圖逃避客戶抱怨

做業務說到底是為客戶服務的行業，讓客戶滿意是最終目的。面對客戶的抱怨，不能試圖逃避，應該要保持一顆平和的心態去面對客戶的抱怨，並讓客戶知道我們很重視他的抱怨。在面對客戶的抱怨時，至少要做

好以下兩點：

★ 耐心聆聽，不要爭辯。聆聽的目的是不和客戶爭論，也表現出我
們正在接受並面對他的抱怨。

★ 要真切、誠懇地接受抱怨，在面對客戶的抱怨時，眼睛不要四處
亂看，或藉故走開，要真誠地去接受客戶的抱怨。

2. 不要用消極的解決辦法處理抱怨

當客戶投訴或抱怨時，不要只顧自己而忽略了客戶的感受，用消極的
方法去解決客戶的抱怨，這樣只會讓抱怨加重。比如，李小姐在購買一樣
產品時，發現產品存在一個小小的問題，於是要求更換，但業務員拖了很
長的時間才處理，甚至還不太禮貌地拒絕了李小姐的請求，李小姐本來對
產品並沒有什麼異議，但當她看到對方消極的態度時，便開始抱怨，大發
雷霆，投訴產品品質。

你要理解，若想化解客戶抱怨，在處理上就要有邏輯，首先在情緒、
心理等方面去影響客戶，讓客戶先平息怒火，然後再進一步提供服務保
證，讓客戶在心理上獲得平衡，最後才協商解決辦法。

例如，客戶抱怨品質不好時，你可透過詢問，發現是因為客戶使用不
當，應及時通知客戶維修產品，並告訴客戶正確的使用方法，而不是認為
與公司無關，不予理睬；雖然公司沒有責任，但這樣會因此失去客戶。反
之，如果經過調查，發現產品確實存在問題，應該立即給予賠償，並儘快
告訴客戶處理結果，之後也利於反映給公司，改善產品的瑕疵。

3. 處理抱怨要讓客戶滿意，防止二次抱怨

處理客戶抱怨時務必一次到位，不能讓客戶產生二次抱怨，否則對個

人、對公司都會產生極大的負面影響。因此，業務員在面對客戶的抱怨時要做好以下幾點：

★ 找到客戶抱怨點，搞清楚客戶為什麼抱怨，以及客戶有哪些要求。如果能立即回覆，就不要耽擱，當場把問題解決。如果不能立即解決，也要給客戶一個合理的等待期限，並提供一些相關的服務保證，讓客戶靜候「佳音」。

★ 將客戶的抱怨認真分析，並著手制訂解決方案，第一時間與客戶進行溝通，並回報，讓客戶聽到來自公司的好消息。且立即著手並落實、兌現解決方案中的辦法、承諾與補償，讓客戶抱怨得到最終化解。

★ 後續追蹤調查客戶對於問題解決的反映。處理完客戶的抱怨之後，應與客戶積極溝通，瞭解客戶對於企業處理的態度和看法，增加客戶對企業的忠誠度。

業務員每天都會遇到各種不同理由的抱怨。也許你自己也不知道做錯了什麼，也不知道產品出了什麼問題；或者自己根本就沒有錯，產品也沒問題，而是客戶自己的問題，但客戶就是來抱怨了，讓人摸不著頭緒。

對於這種抱怨，你是不是覺得很鬱悶？覺得客戶很無理、很麻煩？是不是不想去搭理這種無休止的抱怨？但如果自己都不去處理那誰處理呢？越是把客戶的抱怨當成麻煩，處理起來就越是麻煩；相反，如果能以一顆平常心去處理客戶的抱怨，也許我們就會發現，客戶的抱怨其實並沒有想像中的那麼麻煩。

而在銷售的過程中，只有業務員的服務或者產品出了紕漏，才會招致客戶的抱怨。如果不能好好處理客戶的抱怨，來彌補自己的過錯，反而將

責任推到客戶的身上，嫌客戶太麻煩，那麼，原來所作的一切努力都將前功盡棄。

所以，在面對客戶的抱怨時，就算處理不好也不要嫌客戶麻煩，先把客戶接待好，之後再想其他的辦法解決問題。因為，這是檢驗一間企業成功與否的關鍵時刻。

耐心傾聽客戶的抱怨

業務員在處理客戶抱怨時，除了微笑以外，耐心也具有強大的征服力量，耐心是贏得客戶的關鍵素質之一。愛因斯坦（Albert Einstein）說：「耐心和恆心總會得到報酬的。」這句話對於業務員處理客戶抱怨真是再合適不過了，因為你在面對客戶抱怨的各種問題時，只要能夠從容、耐心地對待，最終問題必定會得到圓滿解決。

銷售狀況題

周先生憤怒的來到乳品公司進行投訴，因為他在購買的牛奶中發現了一小塊玻璃碎片。在前往公司之前，周先生已經擬好說稿，絞盡腦汁地想出許多刻薄的詞句。他認為，此行絕不單純是為了自己，也是為其他的乳品消費者，要讓這家乳品公司負起社會的責任。

他想，如果乳品公司不負責，他就要向媒體、報章雜誌，甚至司法機關揭發，或直接告到消保會去。所以，一到乳品公司，周先生便非常激動地吵著要見總經理，其他的人都不行。

由於總經理不在，助理小王接待了周先生。周先生連自我介紹都

省略了，直接罵道：「你們哪裡是乳品公司，只為了自己多賺錢，就把我們這些消費者的生死置之度外。你們一點社會責任感都沒有……」

小王：「先生，你先把話說清楚，到底發生了什麼事情？不要一來就指責人。」

「你放心，我來這裡正是為了告訴你這件事。」周先生說完，從提袋中拿出一瓶牛奶，重重地往辦公桌上一放，說：「你自己看看，裡面居然有玻璃碎片，如果出了事，你們就是謀殺。」

小王：「先生，這不太可能，您確定這是在我們的產品中發現的嗎？我們以前從來沒出現過這種情況。」

周先生：「可不可能你自己看看，東西都在這裡了！你還有什麼可以辯解的。」

小王打斷周先生的話說道：「是不是您喝的時候不小心掉進去的？牛奶裡面怎麼可能出現玻璃碎片呢？」

周先生：「你不要說那麼多，你自己看，也可以拿去檢查，不要總是說『不可能』，事實都擺在面前。如果你覺得我是騙你的，那我們就打電話叫相關部門來進行檢驗吧。」

以上的應對方法明顯是錯誤的，但在實際的工作中，卻有很多人都用這樣的態度回應客戶。小王非但沒有耐心傾聽客戶的抱怨，甚至還對抱怨持有明顯地懷疑和否認的態度，這只會讓客戶更加惱怒，引發更激烈的爭吵。

在很多時候，客戶的抱怨並不是什麼大問題，他們看重的甚至不是解決問題的方法，而是公司或業務員對待他們的態度。如果能對抱怨的客戶給予尊重的態度，認真聽他們的牢騷，其實問題已經解決了一大半了。

所以，面對客戶投訴時，你必須耐心傾聽，讓客戶將投訴情況陳述完，然後站在客戶的立場去說服客戶，給客戶逐一解決問題。那麼，處理客戶抱怨時要如何傾聽才是正確的呢？

1. 不要打斷客戶的抱怨

面對客戶抱怨時要切記，千萬不要急著打斷客戶，迫不急待地想進行解釋，這樣只會更激怒他們。你要明白，客戶的抱怨，在絕大多數只是想傾訴他們內心的種種不滿，希望藉由抱怨得到安慰和解決，而不是來聽業務員的解釋、說明或辯護。

2. 鼓勵客戶把抱怨發洩出來

任何一個客戶在抱怨或投訴時，無論開始的脾氣有多大，業務員都必須耐心地聽，並鼓勵客戶將心裡的不滿都發洩出來，這樣他的情緒就會逐漸恢復平靜。當他恢復理智，清醒之後，你才能正確地著手處理問題。

3. 傾聽抱怨後，積極為客戶提出解決方案

當然，在聽完客戶的投訴後，你必須給客戶一個明確的答覆及解決方案。能夠馬上解決就馬上解決，不能當場解決的，把處理的意見、日期、處理辦法明確告訴客戶，消除客戶的疑慮或者誤會。

正確應對

面對這樣的指責，小王誠懇地對周先生說：「先生，究竟發生了什麼事？請您快點告訴我，好嗎？」

「我來這裡正是為了告訴你這件事。」周先生說完，從提袋中拿出一瓶牛奶，重重地往辦公桌上一放，說：「你自己看看，裡面居然有玻璃碎片，如果出了事，你們負得起責任嗎？」

小王拿起玻璃瓶仔細看了看，認真地說：「怎麼會這樣？如果吃下這東西是要命的！」說到這裡，小王一把拉住劉先生的手，急切地問：「請您趕快告訴我，家中是否有人誤吞了玻璃片，被它刺傷了。我們現在馬上送他們去醫院治療！」

這時候，周先生已經沒有剛才那樣怒火沖天了，說：「沒有人受傷。」

聽到這話，小王鬆了一口氣，說：「哎呀！真是謝天謝地。」接著又對周先生說：「您指出了我們公司一個巨大的事故，我要代表公司向您表示感謝，立刻將此事向總經理彙報，採取措施，今後絕不再有此類事情發生。這瓶牛奶，我們會加倍賠償您。」

周先生這時已經不再惱火了，便說：「作為入口的東西，你們檢查實在是太草率了，如果所有的食品企業都像你們這樣，一天不知道要發生多少食安事故，畢竟一瓶牛奶是小事，出事那才是大事，希望你們以後不要再出現這種情況了。」

小王耐心聽完客戶的話，並對周先生表示由衷的感謝。周先生覺得他們的認錯態度很不錯，又耐心傾聽自己的建議，這讓他感覺很有成就感，便心滿意足地離開了。

客戶抱怨遠比對你產生反感好

面對客戶的抱怨，業務員並不用覺得可怕，因為客戶在抱怨的同時，也代表他給了你解決問題的機會，只要把抱怨處理好，當中也蘊藏著其他很大的成交機會。但是，一旦造成客戶的反感，這對業務員將是致命一擊，因為客戶已經不願意和你繼續交流下去，甚至不想看到你，同時也不會給你解決問題的機會，這代表著你完全失去成交的可能。所以，若要想有好的業績，就要想辦法好好解決客戶的抱怨，而不是引起客戶的反感情緒。

銷售狀況題

小李是一家保險公司的業務員，到了張經理的辦公室之後，做了一個簡短的自我介紹，就開始聊一些輕鬆的話題。

聊了一會兒，小李把文件拿出來，說：「張經理，其實這次來拜訪主要是想告訴您，我們最近推出一個新的保險方案，覺得特別適合您。」說完便把一份簡短的資料遞到張經理手裡。

張經理一看又是賣保險的，便有點不愉快，說：「是挺不錯的，但是我現在不需要買保險，所以我也不想耽誤你的時間。」

小李說：「張經理，保險是為您提供保障的，人人都需要一份保障，相信您這樣的成功人士一定更需要。」

張經理回道：「是啊，我也是這麼想，但我已經買過了，所以實在很抱歉，謝謝你的好意。」

小李又問：「那您投保的保險公司是哪家？」

張經理說：「我投的是 XX 保險公司。」

小李一拍大腿，說：「噢，那個保險公司我知道，沒有我們公司好，

好多人都從他們那邊退保轉投我們這裡了。」

張經理一聽，就露出了不悅的表情，說：「你怎麼就斷定別人沒你這家保險公司好？」

小李說：「你那是一家中外合資的保險公司，萬一哪天外資賺夠錢之後把資金撤走了，您說你們這些投保戶去哪裡找人理賠啊？」

張經理反問道：「你是賣保險的，難道連保險的基本法規都不懂嗎？」

小李說：「當然懂，但是您保國外的保險公司就得擔這個心，如果您轉投我們的保險公司就完全可以放心了，我們保險公司是本土企業，安全又穩定。」

張經理便說：「你不知道保險公司都要上繳保險保障基金，專門防止保險公司撤資和破產的嗎？」說完便向小李示意道：「我還有很多事情要忙，沒時間陪你，再見。」還告知員工，以後禁止所有和小李同一個保險公司的業務人員進來。

小李一句話就將客戶的投保公司給否定掉，還大肆誇耀自己所在的公司，不但引起客戶極大的反感及不尊重，自己和公司也因此被否定掉。

由上述可知在銷售時，即便客戶對業務員進行抱怨，不能立即成交，也不能讓客戶對你產生反感，一旦引起了客戶的反感，他們不但否定了你，甚至整個公司都可能列入「黑名單」，這種負面影響比客戶的抱怨還要可怕的多。

所以，不管客戶怎樣抱怨、成交與否，業務員都要想辦法贏得客戶的好感，留下一個好的印象，這樣還有下一步成交的機會。那麼，業務員應該避免哪些令客戶反感的行為呢？

1. 使用誇大其詞的產品介紹

　　一些人貪圖眼前利益，為了儘快賣出產品，就開始欺騙客戶，將產品的優勢說得天花亂墜，誘導客戶購買，這種做法雖然能在短期內提高業績，但一旦客戶發現產品和介紹不符合，後續就會進行抱怨要求賠償，而且還會對業務員、產品以及所處的公司產生極大的反感。這樣一來，就會嚴重影響到自己以及公司的信譽，失去客戶的信任。所以在介紹產品時要實事求是，如實地描述產品情況。

2. 否決客戶的決定

　　美國銷售大師玫琳凱（Mary Kay）曾經說過：「有效的溝通是最重要的，如果客戶對你反感，那麼你的口才再好，對銷售也無濟於事。在銷售中，讓自己適當地詢問客戶的需求，而不是過分功利地指示客戶怎麼做。」

　　很多業務員會不自覺犯這樣一個毛病，擅自為客戶做決定，認為自己的建議才是對客戶有益的，並認為是為客戶考慮，殊不知這會讓客戶感覺失去了主動權，得不到應有的尊重和重視，反而失去購買的熱情。

　　一位四十歲左右的男子走到商場的電腦櫃檯，指著一台筆記型電腦問道：「這個型號的電腦多少錢？」

　　年輕的銷售小姐皺著眉頭說：「您還是買另外一款吧，這款很笨重，不太方便攜帶。」接著又喋喋不休地介紹起另一款電腦的優點來。

　　男子白了她一眼，說：「我自己想用什麼樣的電腦，難道還得你說了算？」說完轉身離開了，留下不知所措的銷售員。

我們都知道，業務員所說的每句話的目的都是為了說服客戶購買產品，但是最不可取的就是用命令和指示的口吻與客戶交談，要知道客戶購買的不單單是產品，還有一份被尊重和重視的感覺。

當然，並不是每個客戶都對他想購買的產品有充分的瞭解，這時就需要業務員的介紹和建議，不過即使你說的是對的，給客戶的建議也是最適合的；但是你強硬的態度也可能招致客戶的反感，不但賣不出產品，還會把客戶越推越遠。在銷售過程中，這種「小命令」是在所難免，畢竟業務員要向客戶提出建議，只是你要給這些「小命令」一個美麗的包裝，婉轉地陳述，讓客戶樂於接受你的建言。

3. 套取客戶的隱私

有的業務員為了與客戶拉近距離，交流中會顯得非常熱情，拉住客戶不斷地問東問西：「你做什麼工作啊？」、「結婚了嗎？」、「買房子了嗎？」其實，這樣的熱情不但不能打動客戶，還會讓客戶覺得你在打探他，把他嚇跑。

一般客戶的警戒心都很強，當他察覺你在套取他的隱私時，就會馬上對你產生戒備。所以，在說服客戶購買產品的過程中，最好是從客戶的話中，推測出一些所需的資訊，瞭解適當的資訊後再給出合理的建議。

4. 在客戶面前貶低競爭對手

美國銷售高手湯姆‧霍普金斯（Tom Hopkins）說：「不要刻意貶低對手，這種念頭想都不要想，因為非常愚蠢。」例子中，我們也看到小李聽說張經理投保了其他公司之後，將對手貶低得一文不值，並誇耀自己的公司，結果被張經理給打發走，還禁止他再次上門推銷。因為一個小肚雞

腸的人讓人不能信任，又怎能信任他的產品呢？

利用貶低對手來說服客戶購買自己的產品，必然會屢戰屢敗，因為沒有客戶願意和這種人合作。唯有你尊重你的競爭對手，客戶才會尊重你，這是一條銷售常識，業務員要牢記。

正確應對

小李又問：「那張經理您投保的保險公司是哪家？」

張經理回道：「我投的是 XX 保險公司。」

小李伸出大拇指說道：「您的眼光真好。」

張經理聽到這話有點驚訝又有點得意，便問道：「你真的這樣認為嗎？」

小李說：「它確實是保險界一流的公司，現在的市場反應和國內幾家頂尖的保險公司也不相上下。」

張經理便問：「那國內哪幾家保險公司比較好？」

小李接著說了一下這幾家保險公司各自的優點，也一併將自己公司做了一番詳細的介紹。張經理聽完也覺得非常認同，極為贊許地點了點頭。

小李不吝嗇給予對手稱讚讓張經理留下了深刻的印象。因為他認為一個人如果能稱讚自己的對手，那他一定是一個正直的人，這個人所銷售的產品也是值得信賴的。最後，張經理不僅向他買保險，還介紹了其他的人一起投保。

如果你是客戶，你會怎麼想？

人在遇到問題時，首先會考慮自己的得失，希望別人能設身處地替自己想，屬人之常情。特別是客戶在購買產品時，認為花了錢，就應該得到最好的服務，買到最滿意的產品；若稍有不滿，難免會產生抱怨，覺得你必須達到他的要求。而你在處理客戶抱怨的過程中，更要學會站在客戶的立場上進行角色互換，這樣才能放平心態，處理問題時也會變得更加順暢。

積極詢問抱怨的原因

事出必有因，在工作中也一樣，客戶不會無緣無故地抱怨。面對客戶的抱怨，若想解決其中的問題，就要積極地想辦法瞭解客戶為什麼抱怨？希望我們怎麼去解決？只有弄清楚客戶抱怨的根本原因，你才能做到「點對點」地去解決客戶的抱怨，讓客戶滿意而歸。

銷售狀況題

　　天氣越來越冷了，小程準備去買兩頂帽子，一頂自己帶，另一頂送給女朋友。他來到商場的帽子店，店員小欣走了上來，說：「您好

先生，想買什麼樣的帽子？」

　　小程：「我想買兩頂帽子，最好是男女都可以帶的那種。」

　　小欣：「那您看看這款米白色的，男女戴都挺合適的，而且買兩頂打九折。」

　　小程：「多少錢？」

　　小欣：「打完折一共 1,080 元。」

　　小程：「你們帽子太貴了，還是算了吧。」

　　小欣聽客戶說太貴了，便有點不開心，說：「這已經是打完折的價格了，原價兩頂可要 1,200 元的。」

　　小程：「但我還是覺得有點貴。」

　　小欣：「那您看看另外那兩頂灰色的吧，打完折只要 960 元。」

　　小程：「我還是去看看其他的吧。」

　　小欣：「商場裡的帽子都是這個價格，您到哪裡看都是一樣，賣完可就沒有了，您看需要的話，我幫您把帽子包起來嗎？」

　　小程：「不用了，謝謝。」

　　如果小欣能夠詢問客戶為什麼覺得貴，是要送給誰，把原因弄清楚之後再根據對方的情況做出合理的解決，把帽子的價值體現出來，就一定會有成交的機會。

　　遇到客戶的抱怨時，先不要急著責怪對方，要先把心沉靜下來，也不要做出任何決斷，更不能因此否定客戶。先想想他為什麼會抱怨，是不是有哪些沒想到、沒做好的地方，然後再問客戶為什麼要抱怨，用誘導的方式想辦法讓他主動把抱怨的原因說出來，根據客戶抱怨的原因和需求再著手去解決。

　　那麼，業務員在處理客戶抱怨的時候，應該如何巧妙地詢問客戶抱怨

的原因呢？

1. 友善地詢問

在面對客戶的抱怨時，如果你表現得毫無理智，反過來質問客戶，就會激起客戶負面的情緒，這時客戶說出來的原因就未必是真實的，也許只是為了搪塞你。

因此，在瞭解客戶抱怨的原因時，一定要表現出良好的態度，要以誠摯的問候、貼心的話語詢問客戶，讓客戶覺得我們是真心為他服務，而不是為了完成工作任務在敷衍他。這樣，客戶才不會產生逆反心理，將抱怨的真實原因說出來。

2. 從解決問題的角度詢問

業務員在詢問客戶原因時，不能只是為了自己完成任務，像做筆錄那樣審問客戶，要從客戶的角度出發，實實在在地為他著想，讓客戶能切身體會到我們是在了解情況，為了更有效地解決他的問題。這樣你在問原因時，他才願意把實情說出來。

比如，客戶抱怨新買的車不好，而業務員直接問：「您覺得哪裡不好？都說出來，我好向公司反映。」這樣問客戶肯定會不開心。如果業務員換種方式問：「那這一段時間有沒有影響到您的通勤？主要是哪些方面的問題對您的使用造成了最大影響？我一定把您的建議及時向公司反映，以便做出及時的改進。」這樣問結果肯定就大不一樣，客戶也更樂意將原因告訴業務員。

正確應對

小欣：「您覺得這款帽子的款式有什麼不妥的嗎？」

小程：「沒有，就覺得有點貴。」

小欣不慌不忙地說：「先生，您為什麼覺得這款帽子貴呢？」

小程：「外面地攤一頂帽子才幾百元，這裡卻要一千多元。」

小欣：「那您對地攤上帽子的品質滿意嗎？還是覺得我們這裡的更好？」

小程：「這裡的確要好一點。」

小欣：「是的，先生！我們這裡的帽子都是純羊毛製作的，冬季的保暖效果特別好，而且都是今年的最新款，最重要的是品質有保證，您不也是覺得更放心才想到這裡買嗎？」

小程：「但是價格也不至於差這麼多。」

小欣：「您買兩頂，還有一頂是打算送給您女朋友嗎？」

小程：「是的。」

小欣：「帽子雖然有價，但是愛是無價的，送她一款高檔一點的帽子，不但比較耐用，也更能展現您女朋友的氣質，表現您對她的愛，難道不是嗎？」

小程覺得有理，說：「那你幫我把它包起來吧。」

客戶之所以抱怨，是因為業務員的服務或產品沒達到他們的期望，沒滿足他們的需求。若客戶願意對你進行抱怨，也表明客戶仍對你懷有期待，希望能改善服務水準，最終使自己獲得滿意的服務，購買到滿意的產品。而客戶產生抱怨的原因百百種，可能是客戶的心情問題，可能是周圍的環境問題，也有可能是服務和產品問題，總之，客戶抱怨總是有原因的，

業務員要做的就是找到原因，並想辦法去解決這種抱怨。

永遠別和客戶爭辯

有句話這麼說：「第一，客戶永遠是對的；第二，如果客戶錯了，請參閱第一條。」這看上去像一句玩笑話，又不得不承認這是一句真理。綜觀和客戶爭辯的業務員，爭論輸了，客戶便認為你不行，爭辯完之後客戶也走完了；如果爭贏了，客戶在面子上過不去，客戶還是走了。所以，不管客戶有理沒理，業務員都要用心把客戶的抱怨處理好，永遠不要想著和他們爭出個對錯來。

客戶對業務員發洩不滿情緒是很正常的，他們在表達不滿時，往往會表現得比較激動，怨氣十足，如果客戶的這種怨氣不能夠得到發洩，他就不會聽我們的解釋，以致針鋒相對，產生爭論，最終產生溝通障礙。業務員要等到他們將不滿發洩出來，情緒逐漸平穩下來了之後，再進行解釋和善意的勸說，並提出一些解決方案，這樣才會產生一定的效果。

在實際工作中，又應該如何避免與客戶的爭辯呢？

1. 認同客戶的觀點

客戶在進行抱怨時，要學會認同對方的觀點，從客戶的觀點出發去解決客戶的抱怨，並提出意見表示感謝。讓客戶意識到我們的真誠，以及對他們的重視程度。要想讓他感受到你的理解和認同，在服務上要做到以下幾點：

★理解客戶的心情。當客戶需要幫助時，作為服務人員要能很關注他，及時地向他道歉，知道他為什麼著急。

★理解客戶的要求。在服務時能透過提問的方式，知道客戶想要的東西是什麼，並對他們的需求表示認同和理解。

★充分地關心和尊重客戶。不管客戶的要求是否過分，我們都要先表示出自己的關心和尊重。

2. 想辦法滿足客戶要求

儘量滿足客戶的合理要求，對不合理要求要智取不能硬碰硬。一般來說，客戶的要求並非像人們想像的那麼苛刻，不近情理的客戶畢竟是少數。如果客戶提出的是合理要求，應該從大局出發，不妨自己吃一點小虧，退一步是為了進兩步，接受客戶提出的合理要求；反之，如果拒絕對方某些合理的要求，有時會給人以不通情理、吝嗇小氣的感覺，於己也不利。

3. 即便拒絕也要委婉

有些客戶要求比較高，不得到一個完全滿意的解決方案，他們就絕不接受，抱怨不斷，但作為業務員，有時又很為難，無論怎樣做都無法完全滿足客戶的要求時，你就要懂得拒絕。但是，在拒絕客戶要求時，你不能帶有爭辯的態度，而是要婉轉、充分地說明自己的理由，耐心詳細地向客戶娓娓道來，表明我們的解決方案，讓客戶接受。

馬良在一家保險工作做電話推銷，公司規定每個人的通話時間都要達到一定的時數，否則就要扣錢，並且禁止使用一切不禮貌的用語。馬良為了達到規定，成天就戴著耳機，直盯著電腦撥電話，平時不是直接被客戶

拒絕就是不接電話，甚至有時候還遭到客戶的謾罵，這些馬良都習以為常。

眼看這個月馬上就到月底了，馬良還是沒有業績；一邊是面對主管施加的壓力，另一邊是面對生活的壓力，馬良只能繼續增加新客戶的開發，爭取更多可能成交的機會。

在快下班的時候，馬良打電話給劉小姐，對方才剛接起電話，馬良便習慣性地做了問候，並且把自己的公司名稱和姓名詳細說了一遍。

說完之後劉小姐淡淡地問了一句：「你說完了嗎？」

馬良尷尬地回道：「說完了……」他還想接著說下去，但是劉小姐打斷他的話說：「這通是你們公司打給我的第十通電話了。我之前就和你們說過，請你們以後別再打電話，我需要的時候自然會聯繫你們。你們這樣真的很讓人反感。」

馬良一聽對方這麼生氣，想掛掉電話；但是他聽對方說已經多次接過公司的電話了，那麼她肯定對公司有一定的瞭解，可以節省介紹的時間，於是說道：「劉小姐，那您肯定對我們的公司已經瞭解很透徹了，也很清楚保險的好處和重要性吧！正好我們又新推出一款人壽保險，入保方式也不一樣，說不定很適合您呢！」

劉小姐便說：「謝謝，我暫時不需要。」

馬良便堅持說道：「我們這款新型人壽保險是終生的，沒有時間限制。我也知道劉小姐您肯定也想買一份，可能因為一些其它的原因讓您還沒決定購買。但是我們這種新型的人壽保險，入保的費用都是一樣的，您越早投保，就早一天享受保障。所以，劉小姐您若越晚買，等於損失得越多。而且現在買保險不就是為了防止意外嗎？既然是意外，誰又知道會什麼時候發生呢？何不讓自己早一天享受保障呢？您說是吧，劉小姐。」

劉小姐便說：「話是這樣說沒錯，那你再說說那個新型人壽保險是什麼方案？」

馬良便詳細地把情況給劉小姐又介紹一遍，並且仔細分析了其中的優劣勢。

劉小姐便說：「這個我也聽你們說過，不過現在還不怎麼想買。」

馬良便說：「劉小姐，早買一天，早安心一天，省得每天老想著這事，既勞神，又沒保障，這利弊想必您肯定都考慮的比我清楚；所以劉小姐你考慮現在就電話付款嗎？」

劉女士猶豫了一下，最終還是答應了。

◎ 站在客戶的立場思考 ✦

有人說：「最偉大的勝利，不是使用暴力，而是說服對手站在自己那一邊」，如果業務員要說服對手站到自己這一邊，生拉硬拽肯定是行不通的，必須讓自己先走到對手的陣容裡面，理解他、熟悉他，再說服他，然後才能讓對手心甘情願歸入到我們的陣營。

那麼，在實際工作當中，我們該如何站在客戶的角度上思考問題呢？

1. 跳出自己的圈子看問題

如果我們一直待在自己的房間，永遠都不會知道別人的房間是什麼樣子；所以，要想知道別人的房間佈置成什麼樣子，就得先走出自己的房間，到別人的房間去，才能瞭解得更全面。

而要讓自己站在客戶的立場看問題，我們首先需要「跳出自己的圈

子」，利用客戶的觀點來體驗這場抱怨。當客戶對你進行抱怨時，不妨將自己與客戶的角色進行互換，把自己當成正在抱怨的客戶。這樣，你就能夠瞭解客戶想怎麼解決抱怨，知道怎麼從不同的觀點和立場去看待客戶問題，並知道用哪種方式去解決客戶的抱怨。

2. 適當地接納和肯定別人的觀點

如果一個人太固執己見，總是肯定自己，否定別人，那麼他就無法理解別人的想法和觀點，更別說站在別人的立場思考問題。因為他們覺得只有自己是對的，只要別人和他意見不同，就都不正確。

因此，在解決客戶抱怨時，要學會去接受客戶的觀點，理解客戶的行為和想法，站在客戶的立場上進行思考，思考客戶產生抱怨的原因和根源，思考客戶觀點的合理性，如果我們自己遇到了同樣的問題，是不是也會這麼做、這麼想？如果是，我們又希望服務人員如何解決問題？這樣，才能找到最佳解決問題的方法。

劉恒在通訊店買了一台四核心的新型手機。但是，他偶然用了一下同事的手機後，發現同事的手機反而更順暢，而且還只是雙核的規格。當天下班後，劉恒就帶著手機去那家通訊店。

來到通訊店，劉恒裝作若無其事的樣子問店員小迪：「你們這裡哪款手機的執行速度最快啊？」

小迪聽到詢問後說：「如果要說最快，當然是目前最高規格的四核手機啦。」說完又把劉恒買的那款手機推薦給他。

劉恒聽完，把自己買的手機拿出來放到小迪前面，說：「你說的是這款？這就是你們所說的最高規格的手機？」然後又拿出同事的那款雙核手機，說：「為什麼用起來還不如這款雙核的流暢？如果這手機規格不是被你們誇大的，就是假冒的劣質產品，這手機我不要了，我要退貨。」

小迪見客戶是對已經購買的手機不滿意，才抱怨要求退貨的，於是拿過兩台手機對劉恒說：「先生，我想我理解您的意思了。因為這兩台手機我都用過，它們的優缺點我也相當瞭解，您一定也想瞭解它們各自的優勢吧？」

劉恒點點頭，小迪便把他帶到椅子上坐下，然後說：「您是覺得您買的手機運行速度不夠流暢嗎？」

劉恒：「感覺有點卡，而這台雙核的卻沒有。」

小迪：「當初我剛用的時候也有這種感覺，後來我經過仔細比較才發現，這台四核之所以會有點卡，是因為它在打開應用程式的時候沒有動畫效果，而是直接就跳入了應用程式的介面，而另一台雙核的手機卻用動畫效果掩蓋了這種延遲，我們就會覺得它很流暢，速度很快。」說完後，小迪還將兩台手機現場給劉恒演示了一下。

劉恒：「這到是沒錯，但是這雙核呈現給人的感覺就是要好很多，那我為什麼還要買四核的。」

小迪：「看來您很重視產品效果呈現，這點讓人很欽佩。但是這款雙核的手機，價格卻不比四核的便宜，而且四核手機過不久將會進行系統升級，到時候一定能夠解決這個小問題。而雙核的因為規格過低，等到系統升級的時候，反而會出現一些問題；所以我們才一致向你推薦這款手機。一是為了能夠長時間獲得更好的功能，二是它的CP值高。」

劉恒：「你說的也對。」於是拿著手機回去了。

小迪換一種方式去思考，把自己當成客戶，當自己遇到這種情況時會怎麼去做？是真的想退手機？或者只是心裡一時的不快，為了討一個合理的說法？如果能根據轉換思考後得到的結果，去和客戶溝通，就能更好地把握客戶的心理狀態和需求，從而解決客戶抱怨。

客戶不是你的敵人

當客戶與業務員對產品不感興趣，或者對業務員還不夠信任時，往往會抱以質疑、不屑一顧，甚至厭惡的態度；然而，如果你以為客戶的責怪和抱怨的表情是針對自己，覺得客戶故意和自己過不去，那麼就大錯特錯了。若是抱著這樣的心態，對客戶的抱怨產生敵對的心理，錯把客戶當成自己的敵人，只會加深客戶的不滿。

有句話說：「沒有永遠的敵人，只有永遠的利益。」既然每一個客戶都能為你帶來利益，為什麼還要把客戶當成自己的敵人呢？有人會問：「那應該如何真正挖掘潛在客戶、吸引並留住現有客戶呢？」

答案就是：處理客戶的不滿、抱怨、投訴。作為業務員，必須認識到，客戶的抱怨是機遇，不是刁難，願意向你抱怨的客戶才可以長久地配合，才是你真正的合作夥伴。

1. 不為難客戶

面對客戶的抱怨時，不管客戶的態度如何，一定不能抓住客戶的弱點去為難、挖苦或是嘲笑，一定要體諒客戶，不要讓客戶感到難堪。如果客戶不懂，你應該耐心地為他們講解；如果客戶需要幫忙，你也應該盡最大努力去協助他們完成，並讓客戶明白，不管怎麼樣，我們都非常感謝他們

提出的意見。善解人意一定能贏得客戶的認可，甚至讓他們覺得內疚；當下次有機會的時候，客戶才會選擇繼續與自己合作，也能因此再次贏得客戶的信任。

2. 替客戶著想

業務員在和客戶打交道時要注意，不要把客戶沒有用或不喜歡的東西賣給他，也不要讓客戶花多餘的錢，儘量減少客戶不必要的開支，要積極地推薦更適合他的產品，讓他打從心底覺得自己所面對的業務員很可靠，面對的公司是一間值得信賴的公司。這樣，客戶才會認同、理解，並接受你的意見，從而主動減少抱怨。

3. 尊重客戶

每個人都需要尊重，都需要獲得別人的認同。誰也不希望有人來踐踏自己的尊嚴，即使是有求於他人，依然希望能得到對方的尊重。而對於客戶的抱怨，即使是他錯了，業務員也要表示出自己的寬容、大氣，並告訴他是什麼地方出錯了，找出補救和解決的方案，而不是傲慢地回絕客戶；這樣，客戶才會從心底裡感激並認同。

選擇一個合適的談話角度

在面對客戶的抱怨時，說話的角度不同，所得到的效果也會不大一樣。因此，在開口說話之前，一定要先揣摩一下對方的想法及抱怨的原因，想一想怎麼說，從哪個角度說，才能達到最理想的效果並解決抱怨。

能量
補給站

　　古時候有位皇帝，夢見自己的牙齒都掉光了。醒來後他立刻召見一位解夢家，問他這個夢有什麼含意。

　　「唉，真不幸啊！皇上，」這位解夢家說道，「每一顆掉落的牙齒都代表著一位親人的死亡！」

　　「什麼？你這大膽的傢伙！」皇帝憤怒地對著他大喊：「你竟敢對我說這種不吉利的話！」接著他又下令：「來人啊！給這個傢伙五十大板！」

　　過了一會兒，另一個解夢家被召喚來，聽完皇帝的夢，他說：「皇上，您真幸運啊！您會活得比所有的親人更長壽！」

　　皇帝的臉色頓時好了許多，他說：「好極了。你立刻和我的侍從一起去庫房領取一百兩銀子！」

　　去金庫的途中，侍從對第二位解夢家說：「就我聽來，你所解釋的和第一位所解釋的意思並沒有什麼不同啊！」那聰明的解夢家從容地答道：「話有很多種說法，問題就在於你如何去說！」

　　其實，兩位解夢家表達的是相同的意思，但是第二位解夢家找對了說話的角度，而且用一種含蓄的方式巧妙地表達了相同的意思，結果就大不相同了：第一位解夢家者的一句話領了五十大板，而第二位解夢者卻因為一句話領了一百兩銀子。

　　由此可見，與客戶在對談時，找對交談的角度，結果往往會大相徑庭；如果不注意談話的角度，常不經揣想就脫口而出，往往會得罪別人，更何況是客戶在抱怨產品的時候呢？

　　所以，我們要注意話術的學習和經驗的累積，學會針對不同的對象和

狀況，選好說話的角度，用得體、恰當的語言來傳達意思，才能達到最佳的結果。選擇說話的角度，就能說得好，說得準；與人交往中也是亦然，若要想獲得最佳的表達效果，說話時就應該換一個角度、換一種說法。

◎ 辨別假抱怨，巧妙應對 ✧

設身處地的想，當你在面對客戶的抱怨時，一些也許只是為了獲取一點優惠，而對你產生抱怨，人之常情、在所難免。但這些抱怨看起來問題不大，卻往往會擾亂業務員的正常銷售，致使業績下降。如果能夠辨別這些抱怨，採取巧妙的方式去應對，不但能夠及時化解他的抱怨，還有可能從中爭取到更多的機會。

銷售狀況題

小雪是一間百貨公司的化妝品專櫃的櫃員，每到週末，小雪所賣的化妝品就會舉辦大型促銷活動，有很多人都前來圍觀、排隊購買。

這天，小雪正忙的不可開交，一位李太太突然過來問道：「你這洗面乳多少錢？」

小雪說：「原價 670 元，現在促銷只要 590 元，每天限量銷售，賣完就要等明天了。」

李太太拿著東西看了看，說：「那你們賣 590 元不怕虧本嗎？」

小雪回道：「這是公司的促銷活動，我只管賣，虧不虧本我不管。這平常都賣 670 元，相信您應該也知道。」

李太太說：「都說商人不會做賠本的買賣，你們這次降這麼多，

不會是拿一些次等品或者假冒劣質品來欺騙我們吧!」

　　小雪看她猶豫不決的樣子,於是說:「品質您就放心吧,不買我就要叫下一個了。」

　　李太太便擋在前面說:「我想買啊,但是我得問清楚,你這麼急急忙忙地賣東西,說不定就是假貨。」

　　小雪:「這個您完全不用擔心,您只要買回去一試就知道我們的產品是沒問題的了。」

　　李太太:「買回去才知道是假貨,那不是已經晚了嗎?而且新聞上都報導過好多次賣假貨的,你這裡就沒有贈品讓大家先試一下嗎?確保一下真假我們才放心啊。」

　　小雪有點不耐煩了,說:「贈品都送完了。」

　　李太太見小雪態度那麼差準備要離開,離開前還對大家說:「如果沒有試用品,大家先不要急著購買啊,說不定是假的呢。」於是現場準備購買的人紛紛議論起來。

　　上述情況,小雪只想著如何避免李太太影響自己的工作,卻沒有仔細想想李太太的抱怨到底是真還是假,也沒想對方是出於什麼目的,一直到李太太說出要贈品時,也沒能明白過來,導致客戶的抱怨影響到其他的購買者。

　　客戶在消費時為了獲取一些優惠而進行抱怨,這是一種很常見的情形,他們並非有意製造麻煩,只是想透過這種方式獲取更多的優惠,希望你能夠滿足他們的這些小要求。所以,面對這種假抱怨時,一定要及時辨別,站在客戶角度思考,妥善處理,巧妙地化解。

　　如果小雪在面對李太太的抱怨,能理性思考一下,做一個合理的分

析，事情就不會變得這麼複雜了。既然沒有賣假貨，面對這種突如其來的抱怨，業務員就要想想客戶的本意到底是什麼，先辨別抱怨的真假，然後再做出判決，想一個兩全其美的辦法，更完善地解決問題。那在工作當中，面對這種假抱怨，業務員又應該如何區分呢？

1. 客戶想多要一些優惠

像這種假抱怨的客戶，基本上都是希望在原有的基礎上，額外獲得一些贈品或者優惠。所以，他們在抱怨時，一般都會要求加倍賠償，或是額外贈送一些商品，甚至要求退款或者進行減價優惠，也不退還商品。當業務員意識到客戶是因為這種原因抱怨時，就一定要注意防範，辨別他們的真實情況，做出妥善處理。

面對這種情況，如果在條件允許情況下，你可以適當地給客戶一些優惠，或者贈送一些試用品。但一定要讓他知道這並不是因為抱怨才有，而是因為符合優惠的條件才進行贈送的。在條件不允許的時候，更要和對方解釋清楚，避免把事情鬧大。比如客戶覺得洗面乳 670 元太貴，想索取贈品，就可以和客戶說：「目前公司辦活動，只要金額滿 600 元就送一瓶試用品，您只要消費超過 600 元，就符合獲贈條件。」這樣既滿足了他的需求，也有效制止了抱怨。

2. 喜歡在忙亂的時候抱怨

假抱怨的客戶，總是喜歡在工作人員忙不過來的時候提出不滿，要求業務員對商品給予一些優惠，或者給他們一些贈品。在很多情況下，由於業務員急於想成交，而無暇去分辨他們的真偽，為了快速解決，便滿足了他們所有的要求，當這些客戶嚐到甜頭，以後便會想辦法繼續嘗試。

正確應對

　　小雪聽到這話，便反問道：「這位太太，您為什麼會擔心這個問題？我們這麼大的百貨公司，不會有假貨的。」

　　李太太：「也是可能有賣假貨的時候啊，這個誰能保證呢。」

　　小雪：「那您覺得怎樣才能證明我們賣的不是假貨？我們一天賣出那麼多產品，從來沒有人投訴我們賣假貨。」

　　李太太：「你們這裡有讓客戶試用的產品嗎？先用用看才知道真偽啊！」

　　小雪一聽原來是要索取贈品，於是她將計就計，說：「我們現在有活動，會員只要單筆消費滿 800 元，就能獲贈 50 毫升的洗面乳試用品，您如果擔心，不妨先購買一些其他的產品，只要超過 800 元，我們就會贈送您洗面乳試用品，您先回去試一試，覺得好用再購買。不過到時候洗面乳可能就要恢復原價了。」

　　聽小雪這麼一說，李太太開始覺得兩難了，到底是購買今天的特價洗面乳，還是購買其他的產品，先獲得試用品呢？於是李太太又問：「你們這款洗面乳特價到什麼時候？」

　　小雪：「這批賣完了就恢復原價，數量有限，希望您還是儘快購買。」

　　於是，李太太購買了這款洗面乳，還消費了超過 800 元的產品，一併拿到了洗面乳的試用品。

　　當遇到這種抱怨的客戶時，如果業務員沒有時間處理，或者無法有效解決客戶的問題時，也可以將他們帶到客服部門，讓專門的客服人員來解決他們的抱怨；如果出現特殊情況，你也可以協助客服人員一起解決，儘

量商討出讓客戶滿意，同時也不讓公司受到損失的解決辦法。比如，讓客戶消費金額達到一定程度時，我們再進行適當優惠或贈予，這樣既能讓自己能夠正常工作，又能防止客戶的虛假抱怨影響到其他的客戶。

9 從抱怨中自省，
從抱怨中學著當業務

人在反省的時候，才能徹底地認清自己，知道自己的優劣，瞭解孰是孰非，然後從中取捨，漸漸完善自己。在面對客戶的抱怨時，若適當反省，不僅能夠避免看待問題時過於片面、主觀，產生偏激的行為，還能讓業務員從解決問題的角度上去思考，正確認識客戶的抱怨，發現客戶產生抱怨的根源，從而運用合理的方法去解決客戶的抱怨。

銷售狀況題

　　小張在週二約了王太太九點鐘看屋，本來週二都是小張的休息日，但王太太只有週二上午才有時間，於是小張就答應了。

　　等到週二小張醒來時，發現已經八點半了，急急忙忙地起床洗漱，從家裡坐車過去，一般情況下坐車大概只要二十分鐘，但偏偏又遇上塞車，小張到約定的地點時，王太太已經等了半個小時。

　　王太太見小張來了，很不開心地說：「如果你沒辦法準時，就不要約這麼早，不是每個客戶都會像我這樣有耐心等你。」

　　小張覺得自己連休息日都賠上了，而且又不是故意遲到，聽到王太太這麼說自己，心裡感到很煩悶，於是辯駁道：「王太太，這也不能全怪我，今天我本來是休息的，是您說只有今天上午有空，約了我九點鐘過來，而且我是因為塞車才遲到，並不是故意的，還希望您能

諒解。」

王太太：「聽你這麼說，問題好像都是出在我身上？如果你不想來，也沒關係，我可以找別人，但是你答應了就不能爽約，難道不是嗎？」

小張：「王太太，我不是這個意思，其實我也不想遲到，但塞車誰都沒辦法，您說是不是？」

王太太：「塞車你可以早點出門啊？我也是比平常早半個小時出門，因為我知道等人是一件很不愉快的事情，為什麼你就不能早點出門？」

小張：「王太太，我們既然已經到了，就別討論這個問題了，不如我們現在去看房子吧？」

王太太：「算了，我還是找別人吧。雖然遲到不是什麼大事，但從你的態度可以看出你並沒有意識到自己的錯誤，太缺乏責任感了，把買房子這麼大的事情交給你我很不放心。」

小張對於自己遲到連一句道歉的話都沒說，還一度把原因推責到客戶身上，在客戶不停的反詰下，小張也沒有反省自己的錯誤，還企圖不了了之，這種態度反讓客戶覺得小張很沒有責任感，也成了客戶最終離開的原因。

在工作當中，面對客戶抱怨，有的業務員往往以忙碌為藉口，不將對方的抱怨加以反省，也不管到底是誰對誰錯，對處理抱怨的好壞置身事外，只要能蒙混過關就行了，更別說花時間來反省自己的行為了。

自我反省，就是要對自己的行為進行審視，及時發現自己行為中的過

錯，然後進行改正，避免錯誤進一步擴大。如果小張能及時反省並察覺自己的問題，認真與客戶溝通，也不至於讓客戶覺得沒有責任感。

那麼，業務員在面對客戶的抱怨時，應該反省自身哪些問題呢？

1. 反省自己的做事方法

當客戶產生抱怨時，你要懂得反省自己做事情的方法，瞭解自己的行為和做事的方法是否正確。如果因為自己方法有誤而引起客戶抱怨，就要及時改變行事方法，並且向客戶致歉。就像小張因為遲到而耽誤客戶的時間，因為自己的錯誤造成的抱怨，就要透過認真反省來發現並改善，並及時給予解決。

2. 敢於正視自己的錯誤

「人貴有自知之明」，反省的前提是要敢於面對自己，敢於正視自己的錯誤。但是有很多人在錯誤面前卻不敢正視自己，反而選擇逃避，無視自身的缺點，只會背道而馳，導致自己在原本的錯誤上越陷越深。俗話說：「人非聖賢，孰能無過。」對於自己所犯下的錯誤而引起的客戶抱怨，你更應該要勇於承認，並向客戶解釋清楚，事後反省為什麼會犯這樣的錯誤，努力想辦法改正，避免以後再犯同樣的錯誤，只有不斷地反省、提點自己，找到錯誤根源，才能避免工作上的失誤，減少客戶的抱怨。

　　小張看到王太太這個態度，也感到很煩悶，但自己遲到的確很不應該，便和王太太道歉說：「不好意思，王太太讓您久等了，剛才因為塞車，所以才遲到。」

　　王太太：「你經常在這一帶跑業務，難道這裡的交通狀況你還不清楚嗎？我知道要比平常提前半個小出門，難道你就不知道嗎？」

　　小張：「王太太，我也知道您時間寶貴，剛才遲到耽誤了您這麼長的時間，實在是很抱歉，本來我也想早點出門，但因為我週二固定休息，所以昨天晚上睡前忘記調鬧鐘了，都怪我太大意了，浪費您這麼長的時間，希望等一下看的房子能讓您滿意。」

　　王太太：「原來是這樣，你為什麼不早點說？這樣我可以找別人，也不用你這麼急急忙忙地趕過來了。」

　　小張：「因為您一直是我聯繫的，您的需求我也比較瞭解，如果突然換成別人，他們又得重新瞭解一遍，我怕這樣會耽誤您太多時間，所以我想還是自己帶您看房比較好。但這次遲到給您帶來的不便，還希望您能諒解。」

　　王太太：「沒關係啦，你也不是有意的，那我們就去看合不合適，儘早把手續辦完吧。」小張連忙點頭答應著。

以怨報怨，讓事情越來越糟

當客戶懷著不滿的態度對業務員進行抱怨時，如果沒有好好解決客戶的抱怨，反而埋怨客戶要求太高，沒事找事，以怨報怨，只會讓情況越變越糟，因為客戶是希望你來解決他們的抱怨，而不是來聽你抱怨的；所以，面對客戶的抱怨，業務員一定不能以自己的抱怨去處理客戶的抱怨。

銷售狀況題

李慧最近臉上不斷地冒出痘痘，只要在街上看到和去痘有關的資訊，她都會湊過去瞭解一番。

這天，李慧看到一間保養品門市外面貼著一張海報，上面寫著：「全新專業去痘升級，更快更有效。」李慧看到之後便走進店裡，店員林芬見到李慧進來之後便過去接待她。

李慧問：「我現在臉上有很多痘痘，如果用你這種產品，一般多久見效？」

林芬觀察一下李慧臉上的幾顆痘痘，便說：「您這情況，問題應該不大，快的話差不多一週就能見效。」

李慧一聽，便買一組回去試試，但是用了一星期，李慧發現臉上的痘痘還是和以往一樣，絲毫沒有好轉的跡象。李慧又堅持用了一個星期，痘痘還是沒有改善。

李慧便拿著化妝品去找林芬，問道：「為什麼用了你們的去痘產品一點效果都沒有？」

林芬：「您買的是什麼產品？」

李慧把手裡的袋子打開，說：「就是你們店裡新推出的去痘組合，

你不是說效果很好嗎？」

　　林芬看包裝盒很新，便回道：「您好，這可能需要一點時間，您再用一段時間應該就好了。」

　　李慧便說：「但你跟我說差不多一個星期就有效，我都用了兩個星期了，痘痘不但沒少，反而更多了。」

　　林芬拿著李慧買的去痘產品打開一看，產品感覺還像新的，便走去對同事小潔小聲地嘀咕說：「你看看這客人也真是的，長了那麼多痘痘，才用兩個星期就說沒效果，別人都是用一個月才見效，之前我和她說可能一個星期就能見效，沒想到她竟當真了，真夠麻煩的。」

　　沒想到這句話被李慧聽到了，於是說：「你別嘀嘀咕咕地責罵人，這是你說一個星期就可以見效的，現在你還反過來說我麻煩，你們也太不負責任了。」

　　林芬：「您別誤會，我不是說您，我說的是別的客人。」

　　李慧：「這裡就我一個人，你還能說哪位客人？你也不用解釋了，趕緊給我退貨，別浪費我時間。」

　　在銷售當中，切忌把客戶的抱怨轉變成自己對客戶的抱怨。要想解決客戶的抱怨，就必須保持冷靜，因為業務員是要解決問題的，不是讓矛盾加深，我們要做的就是冷靜下來，想辦法解決客戶的抱怨。

　　所以，在面對客戶的抱怨時，以怨報怨的方法是絕對不可取的。李慧因為產品沒有效果才來找林芬，而林芬卻反過來抱怨客戶太麻煩，更是加深了客戶的不滿。如果在處理的過程當中，能夠適當去瞭解、關心，給李慧提一些建議，問題也就好解決了。那麼，業務員在工作中應該如何避免犯這種錯誤呢？

1. 以解決問題的態度面對抱怨

當人們懷著解決問題的心態面對眼前的問題時，就會理性看待事情的一切，想辦法抑制自己的衝動，考慮解決問題的方法。

面對客戶的抱怨時，首先應該想著如何解決客戶的抱怨，而不是想著如何把事情鬧大。這樣，業務員才能主動抑制自己內心負面情緒的爆發，想盡辦法利用自己的正能量去解決客戶的抱怨。當渾身充滿這種期待解決問題的正能量時，就能防止自己被客戶的負面情緒影響。

2. 不和客戶計較

在面對客戶的抱怨時，業務員不必去計較個人和客戶之間的得失，如果客戶說了一些難聽的話，只要不是惡意攻擊，就不必太在意，不要讓客戶的行為控制了你的情緒。要記住：「自己的工作就是解決客戶的抱怨，目的就是滿足他們的需求，只要讓客戶能夠『哭著進來，笑著出去。』其它的都不重要。」

正確應對

林芬看到李慧不滿地質問自己，但又想不起什麼時候賣給她的，於是問道：「您好，請問您使用了多長時間了呢？」

李慧：「你說我當時的情況一週就能見效，但是我都用了兩週了，臉上的痘痘不但沒少，反而多了。」

林芬：「那您在用我們這去痘產品之前還用過其它的去痘產品嗎？」

李慧：「就是用過都沒有效果，所以才用看看你們的，這兩者有

什麼關係嗎？」

　　林芬笑道：「瞭解一下您以前的情況，我們才能知道問題出在哪裡，能請問您現在幾歲嗎？」

　　李慧便說：「這又有什麼關係？」

　　林芬：「我們這裡有一種痘痘是沒法去除的，那就是青春痘，這誰也沒有辦法，如果有人說可以去除青春痘，那就要仔細辨別真假了。所以才問問您現在幾歲。」

　　李慧不好意思地回道：「十六歲了。」

　　林芬安慰李慧說：「這樣不是更好嗎？誰的青春期不長幾顆痘痘呢？您看別人滿臉的青春痘，最後不都好了嗎？所以，您也不必擔心，平常多注意飲食習慣和按規律作息就行，體內的毒素少了，痘痘自然就少了。」

　　李慧又問：「那我買的這產品怎麼辦？」

　　林芬：「您身邊一定有很多比您大的朋友吧，您看看哪個朋友皮膚不太好，您可以送給她做禮物嘛，如果朋友看您年紀輕輕就這麼會做人，肯定會記著您的這份人情的，這樣豈不是更好嗎？」

　　李慧笑了笑，覺得這也是個不錯的主意，於是向林芬道了聲謝就走了。

◎ 道歉一定要真誠 ✦

　　在人際交往中，只要犯了錯誤就道歉，大多數的矛盾便可得到化解。然而，在面對客戶抱怨的時候，若只說一句「對不起」就真的能解決問題嗎？對業務員而言，當自己的錯誤釀成了客戶的抱怨，如果道歉得當，對個人和公司的聲譽能有提升作用。但如果方式欠妥當，表現得不夠真誠，反而會錯上加錯，比不道歉還可怕。

175

銷售狀況題

　　晶晶剛畢業不久，還沒找到理想的工作，便在一家速食店找了份兼職的工作，平時工作就是擦擦桌子，收拾一下顧客吃完後的殘羹剩飯。

　　由於店裡的人員比較短缺，一到吃飯的高峰期，晶晶便忙得手忙腳亂，會有很多顧客端著餐盤找位子，看到吃完的餐桌都會嚷著叫服務生趕緊收拾桌子，一直要忙完那段高峰期，晶晶才能停下來休息一會兒。

　　這天，又到了用餐尖峰期，王太太帶著兒子來店裡吃飯，孩子年紀比較小，喜歡亂跑。晶晶像以前一樣，快速收拾餐桌上的殘羹剩飯，由於顧客催的比較急，晶晶較平時的腳步又快了些，她端著餐盤沒注意到王太太的兒子在餐廳亂跑，不小心撞到那個小男孩，結果餐盤上一杯剩餘的飲料灑了出來，全灑在小男孩的臉上，小男孩頓時大哭起來。

　　王太太見自己的孩子被撞倒，還灑了滿臉的飲料，便急忙把孩子扶起來，沒好氣地說道：「你不看路嗎？一個這麼大的小孩在面前都不知道，真是的。」

　　晶晶本想反駁，但想了一下，還是別惹麻煩比較好，她本想扶起孩子，但是手裡拿著東西，見王太太已經自己將孩子扶起來了，於是說：「剛才太忙了，沒看見，對不起啊！」說完就要走了。

　　王太太突然拉著晶晶說：「你就這樣走啦？你們店的工作人員都像你這樣的服務態度嗎？」

　　晶晶：「我已經說了對不起，更何況孩子到處亂跑您也有責任啊，難道都怪我嗎？」

　　王太太有點惱火地說：「你看我兒子滿臉的飲料，連紙巾都沒遞

一張，難道就不管了？」

晶晶：「您這樣拉著我，我怎麼給你拿紙巾？」王太太放開手，晶晶把手裡的垃圾都倒完之後，拿了一疊紙巾給王太太，然後有點不情願地說：「真不好意思，把您兒子衣服弄髒了，紙巾給您找來了，您要自己擦還是我擦？」

小男孩看到晶晶的表情，突然哭得更厲害了。王太太突然對著晶晶大聲說道：「你們這裡沒有水嗎？不會拿點水來啊？這飲料這麼黏，用紙巾擦能擦乾淨嗎？」

晶晶心不甘情不願地找了個水盆，盛了點水遞給王太太，說：「您還有什麼事情嗎？如果沒事我就先去忙其他事情了。」

王太太沒理她，等把兒子身上擦乾淨之後，直接找到餐廳經理，把問題反映給餐廳經理，晶晶因此受到了餐廳的處分。

晶晶不想惹麻煩，對於自己的過錯造成客戶的抱怨，卻不願意認真對待，對客戶道歉也只是敷衍了事，並且在客戶抱怨時態度也過於冷淡，不夠誠懇。

當業務員對客戶進行道歉時，不管處理的如何，態度也一定要誠懇。否則就會使客戶舊傷未癒、又添新痛，從一個最初無意識的過錯，轉換成有意的冒犯行為，致使客戶惱羞成怒。

如果晶晶能夠理解到自己的錯誤給客戶帶來不便，主動處理灑在小男孩身上的飲料，並在道歉時和善一點，拿出誠懇的態度，不要帶有挑釁的意味兒，讓客戶覺得你已經認識到自己的錯誤了，並且也努力在想辦法彌補自己犯下的錯誤；如此，客戶的怨氣自然會慢慢消退。那麼，在向客戶道歉的時候，又該怎麼做才能讓客戶感受到業務員的真誠呢？

1. 承認自己的過失

在面對客戶的抱怨時，有時候因為無法自己區分到底誰對誰錯，往往會顯得不知所措，不知道自己該不該道歉，想道歉又覺得心有不甘，不道歉又覺得不妥。

其實，你大可不必如此糾結。先把自己的錯誤主動說出來，主動承認自己的錯誤，讓客戶知道，你不但承認了這個錯誤，也完完全全瞭解到自己錯了，願意承擔相關的責任。也許只是很簡單的一句話，如「非常抱歉，是我把事情搞砸了」、「請您原諒我的過失，現在我能幫您做些什麼嗎？」等等，幾句誠懇的道歉就能讓客戶的怨氣平息下來，讓自己免於客戶的指責和投訴。

2. 認同對方的情緒

業務員若表達認同感，往往會讓客戶產生業務員與自己「同病相憐」的感受，能夠有效緩解客戶的情緒。所以，在面對客戶抱怨時，要讓客戶知道，我們完全能瞭解這個錯誤造成的影響。告訴對方我們曾設身處地想過，並能充分體會他的感受，心裡也明白這個錯誤會帶給他多少額外的麻煩，而且願意和他一起解決。

3. 試著給出補救辦法

當你進行誠懇的道歉之後，即便道歉表現得恰如其分，也只是一個開始。在接下來的時間裡，必須想辦法進行補救，不管是行動上的補救、還是語言上的安慰，或者是物質上的補償，只要能重新爭取客戶對自己的信任，你都要試著去做。

正確應對

晶晶聽了之後心裡很不是滋味，但換個角度想：「如果自己是小孩的媽媽，說不定還會更生氣呢。」於是連忙蹲下去和王太太一起扶起小男孩，說道：「實在不好意思，這位太太，剛才走得有點急沒看路，不知道小孩子在前面站著，不小心給撞倒了。您先等等，我去拿點紙巾過來給孩子擦擦。」

王太太沒好氣地看了晶晶一眼。等用紙巾擦完之後，小男孩臉上還是黏黏的，王太太便責怪道：「這有什麼用啊，擦完還黏成這樣，能舒服嗎？」

晶晶：「實在很抱歉，您再等一下，我去弄點水，找條毛巾過來給孩子擦擦。」

王太太心疼地看著兒子，哄著他。等用毛巾擦完之後，小孩雖然不哭了，但衣服被弄髒了，晶晶便把小孩子扶上座位，對王太太說：「小孩的衣服弄得這麼髒，我拿去洗洗吧？」

王太太：「這怎麼能行，洗了小孩子就沒得穿了。」

晶晶：「實在不好意思，給您帶來這麼多不便，要不讓小孩把衣服脫下來，我拿去稍微清洗一下，這樣說不定也會好些。」

王太太：「算了吧，看你那麼忙，也不是故意的。我自己擦擦就可以了，你有事先忙去吧。」

產品賣不出去到底是誰的錯

外行看熱鬧，內行看門道，產品賣不出去，業務員不能總把目光放在其他原因上，而不去考慮自己的問題，否則就像銷售的門外漢永遠搞不清狀況，稱不上是專業的業務員。

產品存在滯銷現象並不是偶然，賣不出去並不可怕，怕就怕找不到問題產生的原因，而你又不懂得從自己身上找原因。有人說是品牌決定了人們的目光；有人說是企業的銷售計畫促使銷售量的突破；有人認為產品缺乏新意是造成銷售冷清的原因；也有人認為，是營運管理模式與銷售各環節的執行者不熟悉導致滯銷。上述這些問題的確都存在，也可能在一定程度上影響產品的銷售，但在產品日漸同質化的今天，最終決定產品去留的人，是業務員自己，沒有賣不出去的產品，只有不會銷售的業務員。

作為一名優秀的業務員，面對較沒特色的產品和客戶的抱怨，應該如何擺正自己的心態，讓自己產生最大的價值呢？

1. 不要抱怨產品不好

產品賣不出去，有些人會抱怨是產品本身的問題，雖說產品的品質、知名度、文化底蘊的確各有不同，有些是幾十年甚至百年歷史的老字號品牌；有些則是技術高端、產品品質和性能卓越。

但就現實面來說，這樣的產品也並非每一位業務員都能賣出，客戶之所以會購買產品，不僅因為產品吸引他，更因為業務員吸引他，當下的銷售氛圍吸引他。客戶是否會購買產品，在於你如何營造銷售氛圍，如何與客戶展開溝通，給客戶留下了什麼樣的印象；所以真正讓客戶決定購買產品的不是產品本身，而是介紹產品的人。品牌能見度低、品質非一流的產

品，優秀的業務員仍然能賣出去，原因就在於此。

所以，產品賣不出而責怪產品本身，是最無力的爭辯，只有善於推銷自己的業務員才能賣出產品。

2. 不要把問題歸咎在客戶身上

「是客戶不需要產品」、「是客戶不喜歡產品」、「是產品不適合客戶」，這些能成為產品賣不出去的理由嗎？不能！那些最終購買產品的客戶，往往沒有幾個是一開始就對產品情有獨鍾，到非買不可的地步。客戶對產品的需求往往是業務員在介紹產品的過程中建立或是加深，如何引導客戶，才是直接影響銷售結果的關鍵。

客戶的需求需要滿足，更需要去創造。優秀的業務員通常會將客戶不需要的產品成功賣給客戶，這是因為他們善於挖掘客戶的潛在需求。產品生產出來就是為了使用，所以很多客戶其實需要產品，只是自己沒有意識到，或是沒有重視；即便他們暫時不需要，以後可能也會用到，所以，與客戶近距離溝通時挖掘他們的需求，是每一位業務員都不能錯過的好機會。

3. 不要抱怨「售不逢時」

懷才不遇的人經常會抱怨自己生不逢時，同樣地，賣不出產品的業務員也常會抱怨自己銷售的時機和環境不夠好，產品過多、市場飽和、競爭激烈……諸如此類的理由，而這些問題的確都存在。但就算是千軍萬馬，也總有一個跑在前面的，再困難的環境下也能沖出成功者。時局動盪不是理由，在動盪中鎮定自若、殺出重圍的才是真英雄。

抱怨「售不逢時」，就等於同意失敗。業務員應該從加強自身能力著手，相信只要個人能力夠強，銷售業績就不會被市場的浪潮所左右。

4. 不要把原因推到公司和老闆身上

「公司制度有問題」、「產品的銷售計畫不合理」，產品賣得不好，固然有這些方面的原因，但這並不能成為產品賣不出的理由。即便是銷售管理制度不好的企業，仍然有人是銷售冠軍，一個業務員能否賣好產品，關鍵在於自己如何把握。

所以，不要將不滿集中到公司上，而是要在自己身上找問題，否則就會陷入誤區，不然即便是萬事俱備也賣不出產品。

5. 不要為了業績而銷售

一名業務員是否優秀，業績是最直接的證明，獲得高業績，自然是每位業務員希望的，但切不可作為銷售工作的出發點。有的人就是因為過於注重業績，在與客戶溝通時急著成交，忽略了「需要滿足客戶需求，解決問題」這個銷售本質，導致客戶反感，結果銷售失敗。

在合適的時間向客戶說明，並解決當下的問題，這樣的業務員才能得到客戶的喜愛和青睞，從這個出發點展開銷售，才可能做出亮眼的業績。

一位優秀的業務員能把斧頭賣給客戶，這並非與產品的品牌、企業管理、產品創新力相關，而在於他採取何種技巧、如何製造客戶需求。作為業務員，不要把客戶不願意買當藉口，而是要擺正心態去面對客戶，塑造自己的產品在客戶心中的價值，讓客戶認為你的產品值得他花錢購買。

在家電商場，一位想買冰箱的顧客對業務員說：「我家的冰箱放在客廳，所以噪音不能太大。X 牌冰箱和你們的冰箱是同類型、同規格、同等級，可噪音卻小得多，冷凍速度也比你們的快，看來還是 X 牌好些。」

這位業務員立刻爽快地回答說：「是的，您說得不錯，我們的冰箱噪音是大些，但仍符合規定範圍之內，所以不會影響家人的健康；我們的冰箱冷凍速度雖然慢了點，但耗電量卻小得多。另外，我們冰箱的冷凍室很大，能貯藏更多東西，夏天的時候，可以買很多冰棒放到冰箱裡，想什麼時候吃都行。而且，我們的冰箱在價格上要比其他品牌便宜 3,000 元，保固期也長一些，還可以到府進行維修。」最後，客戶爽快地買走了冰箱。

讓抱怨指數與業務員業績掛鉤 ✦

沒有一勞永逸的開始，也沒有無法拯救的結果。銷售中，不管以前的業績有多好或有多差，都要保持樂觀的心態，認真對待每一個客戶，用心做好服務，讓客戶滿意，抱怨指數降到最低，好的業績自然會隨之而來。

在銷售當中，作為業務員，首先就是要為客戶做好排移解難，消除客戶的疑慮，然後再用好的態度和正確的銷售方式打動他，讓他對服務感到滿意，降低他的疑慮，願意為我們的產品以及服務買單；只要能夠做好這點，抓住手裡的每一位客戶，你的業績自然而然就會上升。

所以，若想提高業績，就要先讓自己學會善待客戶，滿足客戶的需求，防止客戶抱怨，做到讓客戶滿意，抱怨越來越少，業績也就越來越好。那麼，我們在工作中，業務員應該如何減少抱怨來提升業績呢？

1. 要有危機意識

冰凍三尺非一日之寒，有病就要及時醫治。在面對客戶的抱怨時，一定要及時幫客戶解決，或事先設想可能發生的狀況，加以處理不要埋下後患，讓客戶有再次抱怨的機會。

比如，客戶買了新的智慧型手機，我們就可以根據對方的需求，幫客戶把能夠用上的軟體安裝好，並教客戶如何安裝軟體，避免他日後抱怨手機「功能太少」、「手機不好用」等，做到防患於未然。

因此，我們要提高自己的危機意識，發現問題及時解決，有了抱怨就及時處理，避免讓問題有擴大的機會，也不讓客戶對服務產生質疑。

2. 適時對客戶進行滿意度回訪

一般客戶在使用產品時可能會遇到一些大大小小的問題，而業務員適時回訪能有效地解決這種問題。回訪的目的是瞭解客戶對產品的使用心得，或提出服務上的建議，這樣才能瞭解繼續合作的可能性有多大。回訪的意義在於表現出你的服務態度，維護好老客戶，瞭解客戶想什麼，要什麼，最需要什麼，是我們的售後服務要再多一些，還是覺得我們的產品要再改進一些。

客戶回訪可分為電話回訪、電子郵件回訪及當面回訪等不同形式。從實際的操作效果看，電話回訪結合當面回訪是最有效的方式，你可根據實際情況而定，但回訪前，一定要對客戶做出詳細的分類，明確客戶需求，並依照分類採取不同的服務方法，加強客戶服務的效率，才能更好地滿足客戶。

所以，業務員透過回訪提高服務能力，若長期堅持下去，將大大提升客戶的滿意度。特別是在客戶找你之前，就進行客戶回訪，更能表現出客

戶關懷，讓客戶感動，大大降低客戶的抱怨；透過回訪，還有利於建立穩定的客戶群，這也是降低抱怨、提高業績的有效手段。

3. 減少客戶抱怨，需要在細節取勝

有很多業務員不明白為什麼客戶會突然發牢騷、抱怨，那很可能就是在細節上沒有把握好，而冒犯了客戶。如果我們要在銷售過程中減少客戶的抱怨，應該把握好以下幾個細節：

⭐ 與客戶交談中不接電話

業務員的電話永遠都很多，雖然大部分業務員都懂得禮貌，在接電話前會形式上請對方允許，但如果電話講太久，客戶心裡難免會泛起：「好像電話那端的人比我更重要，為什麼他會講那麼久」的想法，所以，在初次拜訪或重要的拜訪時，絕對不要接電話；如打電話來的實在是重要人物，也要迅速結束通話，等會談結束後再打過去。

⭐ 不要抽煙

與顧客洽談期間最好不要抽煙，尤其有些客戶不會吸煙或討厭聞到煙味，稍不注意可能就前功盡棄了，將整個銷售推向死路。對於喜歡吸煙的業務員，在與客戶接觸的過程中，就要適當克制，儘量不要吸煙。

⭐ 不要逃避客戶的問題

面對問題，千萬不要說「我根本沒聽過」、「這是第一次發生這種問題」等話，這種處理方式只會讓客戶越來越反感，銷售就是為了給客戶提供方便和解決問題的，每位客戶都希望自己的疑問得到重視和注意，並得到合理的解答。所以，面對客戶的問題，一定要留意並解決問題，如果自己解決不了，可以找主管或者其他人幫忙解決。

Chapter 10 化干戈為玉帛，學會與客戶和平相處

我們都不希望客戶有抱怨，他們也同樣不希望如此，如果購買前後能夠順心，還有什麼好的抱怨呢？我們也都不希望被客戶責罵，客戶更是不希望，如果獲得了滿意的服務，買到了滿意的產品，他們為什麼要責罵，給自己找氣受呢？作為業務員，要學會微笑面對這一切，讓客戶感受到一個陽光、盡責的業務員在為他服務。

銷售大師科特勒教授（Philip Kotler）曾經說：「除了滿足客戶以外，企業還要取悅他們。」在競爭激烈的市場上，要如何才能贏得客戶、戰勝競爭者？答案就在於滿足客戶需求，在體現客戶價值上做好工作──用優質的服務創造客戶。所以，當面對抱怨時，一定要保持微笑。

那麼，業務員在面對客戶的抱怨時，又如何能讓自己保持微笑呢？

1. 控制自己的情緒

面對客戶的抱怨和責罵，如果覺得自己的狀態不佳，或是一天中被某事感到困擾，很難讓自己保持微笑時，不妨將自己當作臨時演員，試想某個人態度積極的模樣，在心裡模仿他的言行舉止，彷彿自己變成那個人，透過這種方式讓自己保持微笑；當然也可以透過一些情緒管理方法來控制自己的情緒，比如：

⭐ 觀察自己的情緒

經常注意自己目前的情緒是什麼樣的反應。例如：當客戶對我們說一些冷言冷語時，不妨反思一下自己為什麼會生氣？生氣有用嗎？既然沒有用，為什麼不冷靜下來，想想其他更好的解決辦法？

⭐ 適當表達自己的情緒

如果感到情緒壓抑，我們可以試著對自己信賴的人傾訴，或者做一些戶外運動，避免將負面情緒發洩到客戶身上。

⭐ 面對責罵，保持積極的心態

如果你想在結束一天工作時感到心滿意足、精力充沛、有成就感，就要保持積極的心態——積極思考，正確行事，正確決策。

有一天，幾個年輕人坐在路邊的一家店裡小聚，這時一位老人向他們點了點頭，問道：「玩得開心嗎？」幾個青年一起答道：「開心。」老人笑了笑之後繼續走他的路了。

而這個老人就是 PMA 的創始人克萊門特·斯通（N. Clement Stone）。他也許早就是百萬富翁，不愁吃穿，但他仍有興致與一群陌生人打招呼，讓自己保持這種開心積極的心態。其實他沒有必要問候他們，既不是他的客戶，更不是朋友或鄰居。唯一的原因就是：他顯然非常愉快，對周圍的一切很用心。他選擇快樂，也將快樂傳遞給周圍每一個人。

保持積極的心態，一切取決於自己。在面對客戶的抱怨和責罵時，你不必太在意客戶一些難聽的言語，應該好好瞭解客戶抱怨的原因，想辦法解決；努力讓自己面對抱怨時，仍保持積極的心態，並努力用最佳表現面

對、化解客戶的一切抱怨。

2. 認為客戶「值得」我們微笑

時時敞開胸懷,讓自己開心起來,才能夠微笑面對每一位抱怨的客戶,並接納抱怨,認為每一位客戶都值得用微笑面對,接受他們一些小脾氣和怪習慣,努力為他們提供最好的服務和解決方案。只有這樣想,你在處理客戶抱怨時才能更有耐心、更好地規範自己的言行,積極思考解決問題的辦法,找到雙方都可以接受的解決方案。

楊炎在家電商場負責熱水器的銷售員。這天來了位客戶,準備購買一台熱水器。

楊炎問道:「您需要什麼樣的熱水器?準備幾個人用呢?」

客戶回答說:「價格便宜一點,也不需要容量特別大。我們家有三個人使用,但是偶爾會來客人。」

楊炎說:「這樣啊!這種 60L 的熱水器完全夠您們用了,但是價格稍微貴一點,而這種 40L 的熱水器,您們三個人用差不多,價格也便宜很多。」

客戶回道:「40L 的真的夠三個人用嗎?」

楊炎回道:「正常情況下,三個人洗是沒問題的。」

客戶便聽了楊炎的,買了 40L 的熱水器回家去了。

但是過了幾天,那客戶就來找楊炎了,說:「前幾天我來你這裡買熱水器,你跟我說買個 40L 的就絕對夠三個人用了,結果我買回去洗了幾

天，每次到我最後洗的時候，洗到一半就變涼水了，我都感冒了！」說著還不時一邊打著噴嚏。

楊炎觀察到客戶不時打著噴嚏，微笑著上前向客戶打了聲招呼，並倒了杯熱茶遞到客戶面前。

但客戶好像沒留意，而是繼續說：「為什麼我買回去的那個熱水器無法三個人使用？這幾天每次我洗到一半就變成涼水了，我要退貨。」

楊炎微笑著回道：「您好，是這樣的先生，如果前面的人熱水用的太多，到第三個人可能就會出現熱水不夠的情況。」

客戶說：「剛開始我也是這樣想，但我們縮短了洗澡的時間仍然不夠洗，這不就是你們熱水器的問題嗎？」

楊炎依然保持微笑說：「先生，這並非是熱水器問題，而是蓄水容量問題，不過只要您利用的好，這熱水器依然能夠洗很多人。」

客戶便問：「這是什麼意思？」

楊炎耐心地解釋說：「根據我多年的經驗，容量大的熱水器雖然裝的熱水多，能連續洗的人數比較多，但它加熱的速度慢，價格貴又佔用空間；小的熱水器不但便宜，而且加熱的速度快。人多的時候可以同時加熱並供水，照樣可以滿足需求，像先生您家裡三個人，前面兩個人洗完了，只要插上電再加熱個幾分鐘就完全夠你洗了。」

客戶一聽，說：「你說的這個方法我也知道，只是怕燒壞熱水器，不過既然可以這麼用，那就沒問題了，謝謝你這麼熱情、耐心的解釋。」

楊炎滿意地笑道：「謝謝您的誇獎，如果有問題，隨時可以再來找我。」客戶聽完滿意地離開了。

面對客戶抱怨，不要傷了和氣

客戶若沒有買到滿意的產品，或沒有得到滿意的服務，可能就會引發抱怨，銷售因此陷入僵局。面對這樣的情況，千萬不要逃避，也不要與客戶爭執，而是要發揮自己的潛能，想辦法營造出一種輕鬆的氣氛，不管最終能否成交，都不要因此傷了和氣，這是一個合格的業務員需要具備的基本職業素養。

銷售狀況題

小張是一家醫療器械公司的業務員，被指派拜訪一位醫院的窗口王主任，經過一段時間的交談後，王主任對新推出的健診儀器表現出強烈的興趣，但兩人在價格上產生了分歧。

王主任：「你們公司和其他公司都一樣，有些產品不錯，但是價格卻貴得離譜。」

小張：「您也知道，現在市場競爭非常激烈，我們已經將價格壓得很低了，這已經是最低的售價，不能再降了。」

王主任：「不行，價格還是很高。」

小張：「但是其他公司的價格都不比我們的低啊！」

王主任：「我們需要更新健診儀器，但你們價格那麼高，若以你們現在的價格，我們預算明顯不夠，這個行不通……」

小張便問：「那貴醫院預算是多少錢？」

王主任說：「以你們現在的價格，我們的預算差不多能買到九台，所以如果你們降10%，我們這邊就考慮直接購買十台。」

小張急了，便說：「王主任，我們真的不能降了，已經給您最低

的價格了，您要求降 10%，這要求我們實在是沒辦法。」

王主任說：「既然你們價格沒有商量的餘地，那我也不能拿著醫院的錢隨便亂用，要不你回去和主管商量一下吧？商量好了我們再談。」

小張說：「難道貴醫院就不能把預算調高點嗎？我們價格實在是降不了那麼多。」

王主任聽了忍不住笑道：「那為什麼你們就不能把價格調低點？難道醫院除了買醫療器械就不用做其他的了嗎？」

小張又說：「我們最多只能降 5%，您看醫院這邊能不能把預算再調高點。」

王主任便說：「我們的預算是不能變的，你們不能接受就算了。我還有事情要忙。」

　　客戶本來已經看上小張的產品，算成功了一大步了，但是在價格的問題上，小張卻沒能好好利用產品的優勢說服對方，反而一直在價格上和客戶爭執，結果不但沒有說服對方，反而傷了彼此和氣。面對客戶的抱怨，業務員首先要穩定客戶的情緒，而不是和客戶爭執，等客戶情緒穩定下來之後，再用自己產品的優勢說服對方，而不是在劣勢方面和客戶理論。

　　所以，對於那些還不願意購買的客戶，一旦因為抱怨導致僵局時，千萬不要和他們爭執、理論，你一定要靈活應對，不要讓矛盾越陷越深，巧妙化解雙方的矛盾，再慢慢想辦法塑造產品的在客戶心目中的價值，達到最後成交的目的。

　　客戶產生抱怨，從而導致溝通陷入僵局，給業務員帶來一些壓力，是每個人都不願遇到的情況。但是，銷售就是一份充滿挑戰的工作。你要學

會靈活應對各種情況。在與客戶的溝通陷入僵局的時候，運用一些幽默技巧打破僵局，千萬不要與客戶發生爭執，傷了和氣。

　　小張突然指著桌子上的茶說道：「王主任您這茶葉可以越陳越好，但是設備可不一樣，尤其是醫療設備。的確，和你們原來那些老舊設備比起來，我們新的健診儀器要貴得多。但我們的價格在市場上已經是非常便宜了。您是行家，我沒必要和您繞彎子，您說是嗎？」

　　王主任：「但是以你們現在的價格，我們的預算只能買到9台，所以你看看你們能不能把價格再降10%。」

　　小張：「我們每台單價的降價幅度是不能超過5%的，說實話，對於那些合作多年的老客戶，我們也始終沒有超過這個範圍。如果您喜歡這套產品，我就給您這個價，每台把價格再降5%。就當是給老客戶的優惠價。您看怎麼樣？」

　　王主任說：「就不能再少一點了？」

　　小張說：「我也知道王主任您是在幫醫院辦事，為人民服務，還指望以後生病了能在貴醫院享受一點優待權呢，但是我也是幫公司辦事，我已經盡力了，接下來就希望您也能體諒體諒我了。」

　　王主任看小張也這麼熱情爽快，便也點頭答應了。

調節控制自己的情緒 ✦

　　人總有情緒低落的時候，也許是因為某個人或某件事，讓人久久不能釋懷，造成情緒的低落，既影響了生活又影響到日常的工作學習。但是，我們不能永遠被自己的情緒控制，而是要反過來控制情緒，讓情緒成為走向成功的墊腳石，而不是造成阻礙的絆腳石。

　　很多人一遇到問題，就急得像熱鍋上的螞蟻，本來很容易解決的問題，卻因為情緒影響，反而讓事情從簡單變複雜，而複雜的事情又更難解決了。其實，只要掌握住事情的關鍵，每個細節就能夠處理的遊刃有餘；遇到客戶的抱怨也一樣，不妨冷靜點，控制好自己的情緒後，再想辦法去解決它。

　　俗話說：「嫌貨才是買貨人。」面對客戶各種的挑剔和抱怨，業務員不能只看到客戶抱怨的部分，而要在抱怨中看到蘊藏的機會。在銷售當中，心胸要豁達些，把眼光放長遠一點，不能因為客戶的抱怨而大動肝火，學會控制自己的情緒，積極地為客戶解決抱怨，而不是讓負面情緒成為解決抱怨時的阻礙。

　　所以，在面對客戶的抱怨時，不管發生什麼情況，都要想辦法控制自己的情緒；用理智去思考問題；用方法去解決問題。如果能夠壓制好自己的壞情緒，做自己該做的事情，用心服務好客戶，讓客戶滿意，成交也只是時間問題。那麼，在面對客戶的抱怨時，應該如何控制好自己的情緒呢？

1. 學會寬容客戶的小抱怨

　　有句話說：「海納百川，有容乃大。」包容不僅是一種態度，也是一種胸懷和氣度，更是一種高境界的體現。在工作中，若懂得包容客戶也能

讓自己減少很多麻煩。

　　業務員在處理抱怨時，會碰到各種不同態度的客戶。面對這種情況，包容便是一種積極有效的應對方式，你雖然不能決定別人的態度，但卻可以包容客戶的一些小抱怨，用自己的行為去改變客戶的壞情緒。石頭再硬，最終還是能被水滴穿；客戶的態度再差，只要你用一顆包容的心去處理他們的不滿，客戶最終會為我們優質的服務買單。

　　如果客戶的抱怨是對的，就虛心接受；如果客戶是錯的，業務員也要學會寬容。不要總是想著對方如何得罪了你，給你造成了多大的傷害或損失。想想對方是不是值得讓自己發火，他是故意的還是無心的，為什麼不給對方一個機會？這也許就是給自己一個機會。對於客戶的抱怨，學會寬容，遠遠要比大動肝火來得有效。

2. 客戶抱怨時，先讓自己冷靜思考

　　當客戶抱怨時，業務員先把情緒沉靜下來，把自己的反感情緒慢慢降低。客戶之所以產生抱怨，證明他們對產品或服務產生不滿，學會找到客戶不滿情緒的根源，把當前的抱怨和以前的經驗進行對比，瞭解客戶抱怨的原因，然後重新找到切入點，而不是對客戶發脾氣。試著把抱怨當成新的起點，努力把抱怨處理到最好，讓客戶儘量滿意，你才能從中贏得更多的機會。

3. 客戶抱怨過多時，學會自我排解

　　面對客戶的抱怨，難免會產生一些負面情緒，我們不妨多做幾個深呼吸，讓自己先冷靜下來。冷靜下來之後，不妨這樣想：「自己之所以給客戶解決抱怨，是為了讓客戶購買到最需要的商品。」或者想像一些其他的

事情，讓自己平靜下來，這樣，就會給自己帶來希望和動力，排解掉那些讓自己煩亂、狂躁的情緒。

用適當的措辭回絕無理的要求

在處理抱怨時，客戶會提出各種不同的要求，但畢竟我們的精力是有限的，不可能滿足客戶所有要求。對於他們提出的一些無理要求，我們無法解決時，就需要業務員學會拒絕，但是你不能直接拒絕，而是用一定的技巧和方法，利用合理的措辭對應，既要使對方接受你的意見，又不傷害他的自尊心。

銷售狀況題

黃婷和姐姐合夥開了一家寵物醫院，給寵物看病，也幫寵物美容，黃婷主要負責寵物美容。

星期一的下午，由於店裡不忙，姐姐出去辦事，讓她獨自看管寵物店。這時一位老太太牽了一隻狗進來，想給狗狗做個美容。

黃婷瞭解了老太太的意向之後，把狗洗乾淨後就拿剪刀開始剪毛了，老太太一直在旁邊盯著。等剪到快一半的時候，老太太在旁邊嘮叨起來，一會兒說這邊不齊，一會兒又說那邊太長……

黃婷停了下來，說：「阿姨，您看這樣好不好，等我剪完了，您如果還有哪裡不滿意，您再指出來，我會按照你的要求進行修改，您看行嗎？」

老太太看黃婷有點不高興了，便賠笑著說：「好好好，你是美容師，

那就聽你的，我不多嘴了。」

　　但是，過了沒多長時間，小狗有點按捺不住了，開始焦躁不安地動起來了。黃婷一邊剪一邊按住狗，有時動作難免粗魯一點，老太太看著有點心疼，又忍不住地說：「小姐，您小心點，別把狗給弄痛了，剪的時候也輕一點，別把狗給弄受傷了，還有那個腦袋上的毛好像不太整齊，身上的毛也好像一邊長一邊短，尾巴上的毛你稍微修一下，但不用修太多，脖子上的毛……」

　　黃婷不耐煩地說：「阿姨，等我剪完了您再說可以嗎？而且您的狗老愛動，我不按住牠就沒辦法剪了。」

　　老太太：「到時候等你剪完了，毛都剪光了，我跟你說還有用嗎？如果你嫌狗愛動，你可以讓我幫你一起按著，但你別那麼粗魯地按著牠，看著叫人心疼。」

　　黃婷乾脆停下來，說：「那您說應該怎麼剪？」

　　老太太滿臉疑惑地看著她，說：「你這小姐可真奇怪，我又沒學過，我怎麼知道怎麼剪？」

　　黃婷：「您如果提出具體的要求，我肯定會按照你的要求去剪。既然不知道怎麼剪，請您先到一旁，等我剪完了，覺得有哪裡不合適您再提出來，到時候我再修改，可以嗎？」

　　老太太便說：「好了，好了，你別說了，我不剪了，我上別人家剪去，我就不信還找不到一個給狗美容的地方了。」

　　黃婷也生氣地回嘴道：「阿姨，不管您還剪不剪，也得先把錢付了。」

　　老太太說：「沒剪完憑什麼付錢啊？」

　　黃婷回道：「這是您自己不剪了，又不是我不幫您剪。」

　　老太太便說：「好好好，我給你錢，我回去和附近的人說說，讓他們以後都別到你這家店來了。」

像黃婷這樣直截了當地拒絕客戶，不給對方留一點面子，讓老太太陷入尷尬、難堪的情況，就算她將狗狗的美容做得再好，老太太也難免會產生抵觸情緒，從而煽動其他的人別來這家店。

面對客戶不合理的抱怨，說「不」是一定要的，但是說的時候絕對不能傷害到對方，也不能造成對方記恨，更不能影響到以後交易上的往來。所以，在拒絕客戶無理的要求時，要採取婉轉的拒絕方法，既做到表達到位，又能保持良好的客戶關係，讓客戶下次還來找你服務。

黃婷如果能從其他方面找切入點，透過舉例來消除客戶的疑慮，委婉回絕客戶不合理的要求，問題就能夠悄無聲息地解決，而不必大動干戈，惹得老太太生氣，雙方鬧不愉快。那麼，在回絕客戶不合理的要求時，業務員應該怎麼做呢？

1. 要弄清客戶提出無理要求的原因

首先問清楚是什麼事？什麼動機？什麼目的？自己能不能辦？如果客戶的要求正當，又在自己能力所及的範圍，就要盡力為客戶提供服務，把事情做好，體現「客戶至上」的服務理念。

反之，如果對方要求過於苛刻，超出自己的能力範圍，又不符合合約規定和工作規範要求，就要透過委婉的方式拒絕。千萬不能礙於情面而含糊其辭，給他們留下任何的念頭和希望。而且一定要做好解釋，讓客戶明白為什麼辦不到，做到有理有節，不傷害感情。

所以，在面對客戶一些無理的要求時，業務員一定要先弄清楚原因，斷不可不假思索地滿口答應對方，要給自己留一點餘地。

2. 先緩解客戶情緒再處理

如果對方是你的重要客戶，但性格暴躁讓你無所適從，你礙於情面，但也不能犧牲自己的原則，不妨婉轉一點，請他先不要著急，然後再用電話、郵件等方法把自己的意思告訴對方，避免引起衝突和尷尬。

客戶遭到拒絕後，心情肯定不舒服，必然會有所指責。對此，業務員應表示理解，接受指責，向其解釋，讓客戶能理解我們的難處，對事不對人，並向客戶保證，同樣的事情用同樣的處理方法，做到公平、公正，使其達到心理平衡。

3. 透過提出合理建議實現拒絕

向對方提出另一種較合理的建議，讓他試用其他的產品，或者把處理權限轉移到主管身上；這是一種比較理想的拒絕方式，既表明了自己的態度，又使拒絕具有建設性。當然，如果還能設法讓對方相信，若採納你的建議，能獲得的比原來要求獲得的更好，那麼，拒絕了原來的要求，反而能使對方高興。

正確應對

黃婷被老太太吵得有點心煩意亂了，但是又不好直接回絕，於是笑著問道：「阿姨，您的狗真可愛，是剛成年吧？看上去沒多大，第一次做美容嗎？」

老太太說：「是啊！就是因為剛長大，覺得毛有點長，又老是掉毛，所以才到你這裡讓你幫牠剪剪，所以你可不能剪壞了，要不然以後我都不敢再帶狗出來美容了。」

黃婷便說：「阿姨，您就住旁邊那個社區吧？這附近好多人都養這種寵物犬，也都是到我這裡做美容，把狗狗的毛修整一下。您是別人介紹過來的嗎？」

老太太說：「我問鄰居，他說這裡有家寵物醫院，我就找到你這家了，也不知道是不是？」

黃婷笑道：「沒錯，阿姨，就是我這家，您看他們的狗，覺得美容做得怎麼樣？」

老太太回答說：「我看是還挺不錯的。」

黃婷說：「阿姨，其實那都是我剪的，也都像剪這隻狗這樣，沒剪完看起來可能會有點參差不齊，但是等我剪完了一定會讓您滿意。而且所有的狗都愛亂動，如果不用力按著牠們，有時候剪著剪著牠們就掙脫跑了。所以，在做寵物美容的時候，不用力按著還真是不行。」

老太太聽完，笑道：「噢，原來是這樣啊，那就交給你了。」

用幽默的語言贏得諒解

在工作中，我們難免會遇到許多棘手的問題，可能是自己失言，或是客戶反映不如預料的那麼好，又或是周圍的環境出現了沒有考慮到的因素等。這時恰當地運用幽默，能夠化解客戶的怨氣，使窘迫的局面在歡笑聲中和緩。

有一家酒店老闆脾氣暴躁，聽不得半句反對的意見。有一次，一個客人在店裡喝酒，剛喝一口，就忍不住大叫：「這酒好酸！」老闆聽後非常生氣，馬上吆喝夥計拿棍子打人。這時又進來一位客人，看到這等陣勢，連忙問：「為什麼打人呢？」老闆說：「我的酒遠近馳名，這人偏說我的

酒是酸的，你說他該不該打？」這個人說：「讓我嚐嚐。」剛嚐一口，那人眼睛和眉毛都擠在一起，脫口說道：「你還是把他放了，打我兩棍子吧。」大家哄堂大笑，一場糾紛就在一句詼諧的話語中平息了。

當你遇到以上這種情況時，最好的解決方法就屬幽默了。這時幽默不但能緩和緊張的氣氛，還能有效地解決問題，使雙方都能滿意。要知道，有時候，一句幽默詼諧的玩笑也能立刻化解雙方緊張的氣氛。

化解他人的怨氣是一種願望，但如果沒有幽默，那也只是願望而已。在惹惱對方時，使用幽默的好處，就在於幽默的「無理而妙」；幽默感越強，與某種切合實際的辦法和道理的距離就越遠，效果就會更好。相反地，一本正經地把道理講得頭頭是道，有根有據，就難以感受到幽默。幽默是生活的藝術，它可以使人們會意地發出笑聲，使他們覺得輕鬆、愉快；幽默是調節氣氛的潤滑劑，在適當的時候幽默一下，不僅可以化解溝通中的不快與失意，還能幫助你減少壓力，在平淡中帶來激情。

俄國文學家契訶夫說過：「不懂得開玩笑的人，是沒有希望的人。」可見幽默在生活所占的比重是多麼重要。當客戶在抱怨時，業務員如果能用幽默恰如其分地打破這種尷尬，讓客戶從煩悶中解脫出來，會心一笑，幫客戶趕走因為抱怨而引起的壓抑和焦慮，就能很有效地解決客戶的抱怨。所以，工作中都應當少一點牢騷滿腹，多一點幽默感。

我們都喜歡能給自己帶來快樂的事物，不管是真的也好，假的也罷，只要不危及到自身的利益和安全，我們都樂意去接受。在客戶抱怨的時候，你不妨適當幽默一下，把話題一轉，讓對方先開心起來，之後他自然不好意思再抱怨。這樣，就能更順利地解決抱怨。

那麼，在面對客戶的抱怨時，如何才能讓自己變得幽默起來呢？

1. 巧立名目法

　　客戶抱怨時，一般不會有融洽的氣氛，這時就需要業務員學會巧立名目來製造幽默，迴避問題的嚴重性，故意將人引入歧路，將雙方的溝通變得風趣。

　　例如，一位客人發現自己所喝的酒裡漂著一根白頭髮，便招來服務生指著頭髮問：「這酒裡怎麼漂著根白頭髮？」服務生聳肩點頭，微笑著說：「可見我們的酒是陳年老酒啊！」顧客的責問是針對酒的衛生品質方面；而服務生為了迴避酒的衛生品質問題，抓住白頭髮「老」的特徵以強調酒的「老」，把白頭髮巧立名目成「陳年老酒」。透過這種幽默讓客戶淡淡一笑，以化解客戶心中的不滿。

2. 轉移法

　　在特定條件下，將原先表達的本意扭曲成另外的意義時，可能會獲得意外的幽默效果。如空服員用悅耳動聽的聲音對旅客說道：「請將手機關機，並將安全帶繫好。」所有的旅客都按照空服員的吩咐做了。過了五分鐘後，空服員用比前次還優美的聲音說道：「再把安全帶繫緊點吧，很不幸地，我們飛機上忘了帶食品。」透過這種方法告知乘客飛機上沒有食品，肯定比直接告知乘客「很抱歉，飛機上忘記帶食品，請諒解」更加容易讓人接受。

3. 學會自嘲調侃

　　當客戶對業務員進行抱怨的時候，面對自己做錯的事情，你可以試著先嘲弄自己一番，拿自己的過失加以調侃，表現出幽默感。若以一顆平常心去對待客戶的抱怨，既能將自己從懊惱之中解脫出來，也會讓客戶跟著

看淡這件事情的嚴重性，降低事態的嚴重程度，從而在解決客戶的抱怨時變得更為順利。

適當地說些軟話

骨頭是硬的，螞蟻是渺小軟弱的，但最終螞蟻啃掉了骨頭；石頭是硬的，水是柔軟的，但水卻能穿石。面對客戶抱怨時，會遇到各式各樣的事情，有時候你越急，客戶會比你更急，同樣地，你的態度越是強硬，客戶就越多抱怨。而業務員要想達到目的，解決客戶的抱怨，就要把握好說話技巧，有時不妨做個「可憐的人」，適當地示弱、說一些軟話，往往更容易解決客戶的抱怨。

銷售狀況題

情人節快到了，伍帆想抓住這個好時機上街賣玫瑰花。她偕同好朋友媛媛，兩個女生從別人店裡先買了一些玫瑰，然後到公園裡情侶最多的地方開始叫賣玫瑰。

她們先用一些花瓣在地上圍成一個心形，然後把花都擺在裡面。加上當天是情人節，周圍路過的情侶看了，都覺得十分浪漫，圍在旁邊觀看。伍帆和媛媛兩人趁機對圍觀的情侶進行輪番「轟炸」，那些情侶也都覺得挺浪漫，紛紛掏錢買她們的花。

但是，正當她們的鮮花熱銷之際，一位男子捧著散開的玫瑰走到她們面前說：「我看你們兩人賣花挺有創意的，而且又那麼熱情，所以才到你們這裡買花，但沒想到包裝紙裡的花竟然是用牙籤固定的。

這樣也就算了，好歹你們也把花包結實了，我剛走了幾步，包裝紙就散開了，這樣怎麼送人？」

伍帆：「今天情人節賣花的人那麼多，我們怎麼能確定你就是在我們這裡買的花呢？」

那男子一聽也急了，說：「這位小姐，我等等還要去表白呢，哪有時間為了一束花來找你麻煩，你們這裡不都是用這種麻繩捆的嗎？你自己看看，這花上的麻繩、包裝紙是不是和你的都一樣？」

伍帆：「現在花店用來捆花的麻繩和包裝紙不都差不多嘛，不能說這就是我們這裡買的。」

男子：「什麼？你們怎麼就這麼不明事理啊？」

伍帆也急了，說：「我就是不明事理，請你別在這裡影響我賣花。」

男子：「那你們到底是換還是不換？」

伍帆：「不是我賣的我為什麼要換？」

那男子把花捧起來對大家說：「算啦，不換就不換，我大不了再去別家買一束，但是希望大家在這裡買花時要看清楚，小心買到不好的花影響心情。」說完之後，原先要買花的情侶們也都紛紛散開了。

在情人節這麼重大的日子買到一束爛花，不管是誰心情都不會好。而伍帆身為當事人，不但連一句道歉的話都沒有，反而態度強硬，最終失去了信譽。

在面對客戶的抱怨時，業務員以怎麼樣的態度去面對客戶，客戶就會以怎樣的態度回敬。俗話說：「一句話能把人說跳，一句話也能把人說笑。」尤其是在處理客戶抱怨時，要想把客戶說「跳」很容易，而要想把「跳」的人說「笑」那就有點難度了。所以，業務員不妨以「軟」對「硬」，不卑不亢。表面上，「柔情似水」，實際上卻「力勝千鈞」，客戶自然就

會降溫熄火了。

　　一般來說，人們通常會尊敬說話溫和有禮的人，以相同的態度回報。這在用字遣詞、聲調語氣上都要特別小心，比如，在交談中應多使用謙敬詞，禮貌用語和讚美詞，以表示尊重對方的感情和人格，引起好感。

　　如果伍帆能利用自己的優勢，面對男子的抱怨時，適當地說一些「軟話」，激起對方的同情心，相信男子也不好意思繼續以強硬的態度對待她們了。既然適當的「軟話」能夠化解客戶抱怨的情緒，那麼，業務員應該從哪些方面來學會說這些「軟話」呢？

1. 做個「可憐人」

　　在解決客戶的抱怨時，適當的運用說話技巧非常重要，雖然有些人一聽要做一個「可憐人」，就覺得自己很卑微，聽起來有歧視的意思，但是它也不失是一種很好的說服別人的方法。

　　面對客戶的抱怨，最忌諱的就是直來直去，以硬碰硬。否則，即使再有理的事情也得不到妥善的解決。聰明的人懂得讓自己變得「柔軟」起來，但不是以眼淚搏得對方的同情，而是以示弱的說話技巧贏得對方的認可。表面上看來十分柔弱，說一些可憐的話語，顯得楚楚可憐，實際上卻能有效地抵擋客戶惱怒的情緒，達到自己辦事的目的，解決客戶抱怨。

　　但是在「可憐」的同時，一定要有的放矢，不能盲目地、不加選擇地使用。否則，就會讓客戶認為你矯揉造作，反而吃力不討好，弄巧成拙。

2. 用「眼淚」責怪自己

　　人心都是肉長的，在解決客戶的抱怨時，不失時機地滴下幾滴眼淚，不但可以迅速燃起對方的同情心，並且能拉近彼此在感情上的距離，產生

共鳴，還能打下解決問題的基礎。

業務員在說服客戶的時候，以淚賺憐的說話技巧能夠有效的達到說服對方的目的。在面對客戶的抱怨時，透過「眼淚」責怪自己，勸說對方，會給人一種慰藉，一種體貼，責罵的是自己，安慰的卻是對方。利用「軟話示弱」就是一種揚人之長、揭己所短的說話技巧，使他獲得一種心理上的滿足，從而達到解決客戶抱怨的目的。

正確應對

伍帆聽了這位男子的話說道：「這位帥哥，您確定這是在我們這裡買的嗎？」

那男子說：「我還騙你不成？你自己看看那包裝的麻繩和彩紙，是不是和你們賣的一樣？等一下我和女神約會的時間就要到了，我捧這樣一束花怎麼見她啊！」

伍帆很委屈地說：「現在大家賣花不都是用這種包裝紙嘛？不過既然都來了，和女神約會的時間還那麼趕，那我就幫您重新包裝一下吧。」

那男子有點不好意思地說：「我是真的在你這裡買的，要不然也不會來找你，你給我直接換一束吧！」

伍帆兩眼汪汪地盯著那男子說：「帥哥，既然您那麼愛您的女神，我們也都沒有機會了，那麼您送給她的東西就應該是唯一的，這才能真正表示您的真心，怎麼可以把打算送給她的花又給換了呢？何況這花只是包裝紙不小心弄散了，我這就重新包裝一下，再送一朵玫瑰給兩位，祝您們永遠都是對方的唯一。」

那男子聽完覺得有點道理，加上那麼多人也在跟前看著，也有點不好意思，於是趕忙點頭答應。

　　在銷售當中，客戶大部分情況下是非常禮貌的，只要讓客戶感覺到你是為他好，得到他們的信任後，他們就會認可並接受你所做的，待你禮貌有加。但業務員還會碰到很多無理取鬧的客戶，面對客戶這樣的抱怨，難道真的是因為這些客戶不講理嗎？在大多數情況中並不是這樣的，顧客會無理取鬧很大一部分起因於業務員服務態度惡劣，或者是商品存在嚴重缺陷而引起。

　　若想要避免那些不必要的麻煩，讓他們變成自己忠實的客戶，首先就要建立良好的關係，這才有助於解決問題，化干戈為玉帛；然後態度良好地為客戶解決問題，不管任何情況下都不要激怒他們，面對生氣的客戶，你可以選擇道歉、安撫，也可以選擇重視、聆聽，如果對方的性格蠻橫，你也要根據具體情況靈活處理，眼光放長遠一些，讓客戶少吃虧，以達到共贏的目的。

11 客戶才是交易場上的主人翁

人在氣頭上的時候，一般不受理性控制，情緒也會受到較大的影響，在這種情況下，就會有很多無辜的人躺著也中槍，而當事人卻沒有意識到。

在我們的工作中，經常會碰到一些客戶不分青紅皂白地亂指責一頓，指責完之後才會說出原因。客戶有可能只是對產品感覺非常不滿，並不是針對某個人抱怨，目的就是希望業務員能解決他的問題，提供更好的服務。對於這種情況，你需要在意的不是客戶的指責多麼令人難以接受，而是要想辦法解決客戶遇到的問題。

面對抱怨時，不管客戶的態度怎麼樣，首先要弄清客戶抱怨的物件。如果他針對某個人而產生不滿、抱怨，那麼就叫當事人和客戶當面解決；如果他是針對某件事情，而這件事情無法直接歸究於某個人身上，你就要從整體出發，代表公司來解決問題，不必把客戶的抱怨當成對自己的不滿，造成自己產生負面情緒，既影響事情的完成效率，還會影響到心情。

面對客戶的抱怨，你要先透徹地瞭解客戶的意圖，理解客戶的想法，理智地控制自己的情緒，避免產生偏激行為，這都有助於瞭解客戶的抱怨物件及真正原因。

當客戶對事情抱怨而出言不遜時，我們不要將自己的情緒摻雜到裡面，否則只會給自己帶來負面能量，要知道，客戶抱怨的目的是為了獲得

更好的產品與服務，而非批評某個人，所以，要做的就是針對客戶的抱怨將事情處理好，平衡公司與客戶的利益。

忍耐能化解一切矛盾

在面對客戶的抱怨時，有些業務員承受力較差，聽到客戶說一些不好聽的話，就忍不住和客戶爭辯起來，事後卻又後悔自己過於衝動，不應該和客戶發生正面衝突。其實，如果能暫時忍耐一下，就能大事化小，小事化無，而不至於激化矛盾，對客戶和業務員雙方都是好事。

《論語》說：「小不忍，則亂大謀。」不論是誰，在人生中難免身陷逆境，一時無力扭轉逆勢，最好的選擇就是暫時忍耐，事情總是在不斷地變化，忍一時風平浪靜，退一步海闊天空。作為業務員，更要學會在忍耐中等待轉折的時機。

銷售狀況題

小朱的公司新上市一款連續噴墨的印表機，要求所有業務員必須完成規定的業績，所以小朱決定拜訪一位老客戶。小朱一來到張總的公司，對著辦公室的玻璃門敲了幾下，張總聞聲抬頭看了一眼，沒有做出任何反應，繼續埋頭做手邊的工作。

小朱覺得特別奇怪，以前每次拜訪的時候，張總都會笑臉盈盈的過來開門，為什麼這次卻裝作沒看見，小朱便認為張總可能是因為太忙，沒空理會，於是擅自開門走進去，並坐了下來，心想：「張總忙完後，肯定會招呼自己的。」

　　沒想到他剛剛坐下，張總便說：「你是誰？來這裡有什麼事情嗎？我同意你進來了嗎？」

　　小朱站起來笑道：「張總，您真會開玩笑，難道您還不認識我？」

　　張總：「每天那麼多人來辦公室，我為什麼一定認識你？」

　　小朱：「張總，我是專門給您送印表機的小朱啊。」」

　　張總：「你就是那個專賣劣質印表機的人啊？賣完就走，電話打不通，出問題也不負責任……」

　　小朱打斷了張總的話，說：「張總您怎麼能這樣說我，我又怎麼可能會不接您電話？一定是您弄錯了。我這次是給您送我們公司新產品的，您看看吧？」

　　張總：「還看什麼啊？上次送的劣質印表機還在那裡呢，你這次是專門來舊換新的嗎？如果不是你就走吧，別再來了。」

　　小朱：「張總，如果有什麼問題，您可以聯繫我們售後服務部門，他們會幫您解決，您沒必要把問題都推到我身上，是吧？」

　　張總：「你把劣質的印表機賣給我，現在還好意思和我在這裡講道理……」

　　小朱又打斷繼續說：「張總我想您肯定錯怪我了，我們這麼大的公司怎麼會賣劣質的印表機呢，您看我們公司這次又新推出了一款連續噴墨的印表機，我覺得很適合您……」

　　張總：「行了，別說了，我現在不需要。」說完便讓秘書把小朱送出去了。

　　面對客戶的抱怨和指責，小朱沒有忍住自己的衝動，就直接打斷了對方的話，主觀地臆測是客戶的錯，不但沒有針對客戶的抱怨提出有效的解決方案，還急於將新的印表機推銷給客戶。這種缺乏承受力、急於求成的

銷售方式，讓客戶反感，以至於直接下了逐客令。

　　不管做什麼工作，總不可能都一帆風順，很多時候要學會忍耐，因為忍耐可以帶給我們力量，可以帶給我們機會。當我們蹲下去的時候，不是因為我們選擇了妥協，而是為了讓自己跳的更高；忍耐就是為了能找到一個更好的解決事情的辦法。作為業務員，小朱應該先對客戶忍耐，等客戶將不滿情緒發洩完之後，心情平靜下來了，自然會好好商量問題解決的方法。那麼，當我們遇到類似的情況時，應該怎麼去做呢？

1. 為了目標而忍耐

　　如果要我們事事都忍，那誰也辦不到。但是，如果我們是為了自己而忍，為了實現自己的目標而忍，那就「忍」的有所價值。

　　無論在什麼時候，業務員都要知道自己要的是什麼？目標是什麼？為什麼要忍耐？是在等待一個機會？還是在累積自己的力量？我們可以忍受別人異樣的目光，可以忍受客戶一些無厘頭的抱怨，這些都是他們的權利，但是只要這次的忍耐有助於達到自己的目標，你就要懂得堅持下去，不要因小失大。

2. 學會寬容客戶

　　對於客戶的過錯不必太苛刻，要嚴於律己，寬以待人，把自己的度量放大一點。古人曾在百忍歌中寫到：「忍得淡泊養精神，忍得勤勞可餘積，忍得語言免事非，忍得爭鬥消仇冤。」可知忍耐並非軟弱，乃是大度；忍耐並非投降，乃是勝利。人無完人，多審視一下自己，就不會對每位客戶的抱怨都那麼耿耿於懷；學會忍耐，會讓生活更加輕鬆，更不會再為那些抱怨而整日煩惱。

面對客戶的抱怨，你要學會調整自己的心態，用心平氣和的態度看待身邊發生的每一件事。忍耐其實是一種哲學境界，當你的人生有足夠閱歷的時候，把一切都看開了、看淡了，不再那麼在乎了，自然就學會忍耐了。因為你會覺得自己沒必要和對方較真，忍耐也就成了一個理所當然的態度。所以，你要看淡身邊的每一件事情，尤其是針對客戶的抱怨，看淡一點，反而能更快更好地解決客戶的抱怨。

正確應對

小朱一聽情況不太對，於是改口說道：「張總是這樣的，這次來拜訪您主要是看看您在使用印表機的過程中有沒有遇到什麼問題，看有沒有我能幫您解決的。」

張總：「你還知道你的印表機會有問題啊？為什麼上次我買完印表機出了問題沒人給我解決？我打你電話為什麼打不通？打你公司電話也說你不在？找他們為什麼沒人理我？我還以為你消失了呢。」

小朱：「張總，出現在這樣的情況我感到很抱歉，可能是因為我去外地出差手機沒電，漏接了您的電話。所以，我這次特地過來拜訪張總您，看看有什麼可以幫您解決的。」

張總指著牆角的印表機說：「你是來給我解決問題的？那這兩台是你上次送來的問題印表機，我一直找不到人解決，那你看怎麼幫我解決吧。」

小朱：「張總，我把這兩台問題印表機帶回去，等技術人員幫您修好了，我再給您送過來，您看行嗎？不過為了不影響您使用，這是我們公司新推出的印表機，先給您留在這裡試用。」

張總：「我就相信你這一次，如果騙我，我就派人到你公司找你，

看你怎麼處理。」

小朱點點頭表示同意。過了兩天小朱把修好的印表機送了過來，說：「張總，您說的問題我已經幫您解決了，以後還有什麼問題依然可以找我。這款新印表機您能給個評價嗎？覺得還有哪些需要改進的？」

張總看小朱的態度非常誠懇，於是說：「還不錯，我分公司開辦可能會需要五台，到時候我再聯繫你吧。」小朱點點頭滿意地離開了。

🎯 讓客戶成為銷售中的主角 ✦

在銷售過程中，防止客戶抱怨的有效方法之一，就是讓客戶受到重視，因為客戶才是銷售中的主角；可實際上業務員往往混淆了自己與客戶之間的關係，把自己擺到主角的位置上，客戶反成了陪襯。而作為一個優秀的銷售員，一定要杜絕這種事情的發生，應該時時刻刻讓客戶感覺到他的重要，將他放在主角的位置，增加交易成功的機會。

銷售偷呷步

SALE

小劉去外地出差，與客戶談完生意之後到處轉轉。隨意進入了一家服裝店，立刻就被一套西裝吸引了。

服務員小燕走了過來，對小劉說：「先生，您試穿看看吧？」

小劉在服務員的勸說下試穿了一下，不但非常合身，而且穿在身上顯得人特別精神。

小燕說：「這衣服和您挺配的，簡直就像為您量身定做的一樣。」

　　小劉聽了很高興，想把這件衣服買下來，可是一看標價，打了折還要一萬多元，這對他來說可不是一個小數字，於是他抱怨道：「太貴了……」。

　　小燕見小劉猶豫不決，於是說：「這衣服真的和您挺配的，而且我們現在就這一套了。」

　　小劉：「但我覺得有點貴。」

　　小燕：「這可是打完折之後最低的價格了，您可以摸摸衣料的質感，是不是比其他的衣服要好很多。剛才那邊有位顧客也問起這件衣服，但我讓他先去看看其他款式了，我覺得應該要等您確定好之後才能讓其他顧客試穿，這是對您的尊重，也是對顧客選擇的重視。」

　　小劉：「是挺好的……」但他還是猶豫不決，覺得服務員的態度很好而不忍心拒絕，便想以沒錢的理由拒絕算了。

　　這時，小燕發現小劉手裡提著的電腦，便說：「您這筆電真好，原來我一直想買，但是太貴了，想多存點錢再買。」

　　小劉笑道：「還好啦。」

　　小燕：「這麼好的筆電不是一般人能用得起的，能用這麼好的人一定是屬於高收入族群，我覺得這樣的衣服也只能配得起你這樣的人。」

　　小劉一聽，心想：「對呀，我這麼好的筆電都買得起，一萬塊的西裝沒理由買不起啊，沒有必要捨不得。」於是，小劉便狠下心買下了這套西裝。

　　在銷售當中，業務員若不重視客戶，不僅是對客戶的不尊重，還會將銷售推向絕路，更是對公司形象的一種損害。不管是有錢的客戶還是沒錢的客戶，是爽快或者猶豫不決的客戶，都希望得到同樣的待遇，那就是被重視的感覺。如果客戶感覺到自己沒有得到重視，甚至被藐視，那麼肯定

會產生不滿,甚至反感;反之如果你能讓客戶感覺到自己被重視,就會讓對方覺得自己是主角,產生更強的購買欲望,進而做出購買決定。

所以,在和客戶交流的過程當中,一定要重視客戶,將客戶擺在主角的位置,千萬不能因為其他的事情而把客戶冷落了。

那麼,如何才能讓客戶感覺到自己很重要,掌握著交易的主動權呢?

1. 業務員的「我覺得」並不一定是客戶的「我覺得」

每個人看待問題的角度不同,所得出的結論也就不同。有很多人習慣把自己的觀點強加在別人身上,業務員也不例外。

一個朋友加盟了一家日本餐廳的連鎖店。在開幕之前,日本餐廳總部派來了一位年輕的小夥子青木一郎來幫他培訓員工。

在培訓的最後一天,朋友說要請他吃飯,他說:「好的,就在我們餐廳吃吧,我也好上完最重要的一課。」

朋友覺得很奇怪,不是已經培訓完了嗎?怎麼還有最重要的一課呢?

一郎沒有點餐,而是把所有的員工都集中到了大廳,然後微笑著對他們說:「今天,謝謝大家的款待,也謝謝大家在這幾天裡給予我的幫助和支持,更謝謝大家給我留下的美好回憶。」一郎對各位店員深深地一鞠躬,然後說:「最後,我想問大家一句話,各位,有誰能看出我今天的心情是好還是壞呢?」

店員們聽到這個問題就開始七嘴八舌地說出自己的意見,一致認為一郎的心情很好,原因是:一郎在培訓的任務圓滿完成了,應該感到高興;一郎馬上就要見到自己在日本的親人了,應該感到高興;一郎在這裡不但傳授了知識,也在這裡學會了很多道地的東西,應該感到高興……大家的

理由有很多，而且每一個理由感覺都很充分。

但一郎卻出乎意料地說：「我很沮喪，因為我馬上要離開這裡，離開大家了。很遺憾，你們都猜錯了。但是，我必須要告訴各位，千萬不要用『我覺得』來猜測別人的心情，不要用自己的感受來代替別人的感受，因為你們不是他。這就是我給大家上的最後一堂課，也是最重要的一堂課。」

我們在與客戶交流時，常常會根據客戶的表情、神色和語言來判斷客戶的內心感受，雖然這是一個很重要的方法，但卻不是判斷客戶心情的全部依據。因為這些外在的東西可能會欺騙你的眼睛，所以，無論在哪種情況下，沒有弄清楚客戶真正意思前，都不要盲目地猜測，更不要用自己的感受來代替客戶的感受。如果你猜對了，一切都好；萬一你猜錯了，客戶就會離你越來越遠，從而錯失成交的機會。

2. 同樣重視對待刁難的客戶

作為業務員，有許多突發狀況都會搞得我們焦頭爛額。比如：當你好不容易賣出一件產品，還沒有幾分鐘，客戶便要求退貨；客戶故意刁難，說一些傷人的話；因為你的小失誤，客戶硬要投訴，讓你拿不到獎金……所有的這些，都會讓工作變得一團糟。當你聽到這些不願意聽到的話時，應該怎麼辦？是逃避，爭辯，還是任由別人去說呢？

作為一個勇於負責的業務員，即使客戶說出的話很難聽，也要用心去聆聽，只有這樣做，客戶才會知道你是一個敢於面對和承擔責任的人，覺得你是真實重視客戶感受的人；面對著種種的不如意，如果選擇逃避，那麼永遠也解決不了問題。所以，當客戶抱怨時，你應該用心聆聽，將他們擺在主角的位置，重視客戶的感受，為他們服務，只有這樣，才能夠找到

根源並順利解決問題。

3. 讓客戶覺得他很重要

玫琳凱化妝品公司的創辦人玫琳凱（Mary Kay）說：「每個人都是獨特的，讓別人有相同感覺也很重要。無論我遇見誰，我都會為他掛上看不見的信號：我是重要人物！我也會立即回應這個信號，而效果出奇得好。」

毫無疑問，我們都希望自己是不容被忽視的重要人物。如果你把客戶看成是重要的，你就可能抓住其他業務員沒有抓住的機會。

喬・吉拉德（Joe Girard）在汽車展示中心工作時候，有位戴著一頂安全帽、滿臉灰塵的客戶走了進來。其他的銷售員都沒有理睬這位進門的客戶，只有吉拉德主動和他打招呼：「嗨，先生，您做建築生意的？」

「沒錯。」這位客戶回答道。

「哪一類的呢？鋼鐵還是混凝土？」吉拉德繼續發問，試圖引起客戶繼續對話的興趣。

「我在一家螺絲廠工作。」客戶回答。

「是嗎？那您整天做什麼呢？」

「我做螺絲釘。」

「真的嗎？我無法想像螺絲釘是怎麼生產的。如果我找一天到你的工廠區參觀你製作螺絲釘的過程，可以嗎？」吉拉德興奮地說。

「當然，到時候我很樂意做你的導覽。」客戶爽快地回答說。

就因為吉拉德重視客戶，重視客戶的工作，客戶在吉拉德的推薦下買了一輛汽車。

要讓客戶感到我們對他的重視，你可以試著記住客戶一些重要的節日，這樣一來就可以和客戶進行良好的溝通，建立起良好的聯繫。在客戶重要的節日裡給他發一封問候的簡訊或者送一份精美的小禮物，都能幫你建立起良好的關係。

客戶會有很多的選擇，假如你給客戶留下你很重視他的好印象，那麼他也會在眾多的業務員中選擇你，作為自己的合作夥伴。那你又應該如何做呢？

1. 創造良好的溝通氣氛

面對客戶的抱怨，除了避免和客戶硬碰硬之外，你還要學會和客戶建立良好的氛圍，讓客戶感覺到和諧的氣氛。比如，在適當的時候說些幽默的話，或者對客戶的抱怨表示感同身受等。這樣，客戶抱怨時的負面情緒就會降低甚至消失。

而面對態度再差的客戶，也要面帶笑容，耐心認真地傾聽客戶投訴，且不可計較客戶不禮貌的言辭和態度。即使自己有理，也千萬別得理不饒人，仍要感謝客戶的抱怨。如果協商場所不佳，應換較適合之處。如果本身不能解決，可請第三人或主管出面。總之，不能讓尷尬和緊張的氣氛一直伴隨著整個抱怨的處理過程。

2. 用讚美化解客戶抱怨

有人不禁會問：「客戶板著臉對著我抱怨，難道我還要誇客戶罵的好？」當然不是。業務員要做的就是針對客戶抱怨的內容，對客戶提出的意見表示讚美、認同，因為讚美往往能把客人內心感受挖掘出來，並提供

一種積極正面的能量，而且還能顯示出誠意和歉意。這樣，也會讓客戶有一種被重視的感覺，更有利於我們解決客戶的抱怨。

儘快回應客戶抱怨

有時候我們寧願被拒絕，也不願意被無視，因為這種不確定的等待容易讓人失去耐心，變得狂亂急躁。客戶在抱怨的時候，他們最害怕的莫過於有苦無處訴，這會讓他們有一種不知所措和被欺騙的感覺，認為遇到一家不負責任的公司。

所以，當業務員面對客戶的抱怨時，即使不能妥善地解決當下的問題，也要讓自己表現出「一切都以服務客戶為宗旨」的態度，積極回應客戶的需求，讓客戶感受到我們貼心的服務。

銷售狀況題

謝先生在商場買了一件毛衣，回到家時才發現毛衣上破了一個小洞，於是他拿著毛衣找到商場的店員小伍，抱怨道：「你幫我把這衣服退了，我不要了。」

小伍此時正在接待其他顧客，見謝先生怒氣沖沖，於是問：「這位先生，您是因為什麼原因要退貨呢？」

謝先生：「這衣服品質太差了，有破洞你們也拿出來賣。」

小伍：「您先等等，等這幾位顧客試完衣服我再過來。」

謝先生：「你就不能現在幫我退嗎？我還有急事呢。」

小伍：「可這幾位先生比您先來，我得先招待完他們，才能處理

您的問題。」

謝先生點了點頭，但等了將近二十分鐘後，小伍還沒去處理謝先生的問題。謝先生有點急了，說：「這衣服我昨天就買了，而且是你們的品質出了問題，我不是無緣無故要退貨，你理應先幫我辦理退貨。」

小伍：「先生，您別生氣，還有一位顧客馬上就輪到您了，請您再耐心等一下。」

謝先生生氣地說：「不行，我不能再等了，我還有急事，你現在必須幫我處理了。」

小伍：「可是……」

謝先生：「不要再可是了。」

對於客戶的抱怨，儘管小伍沒有時間，也不應該讓客戶一直等待，客戶在這期間一再追問，小伍卻還在忙著手裡的工作，讓客戶繼續等待，最終因為對方等不下去而大發雷霆，導致問題一發不可收拾。

如果小伍對客戶的抱怨能儘快回應，將客戶的情緒安撫好，即使對方等得時間長一點，多少也能體諒小伍的感受，不至於大發雷霆。只有客戶情緒安定下來，業務員才能伺機從中尋找更好的機會，找到一個雙贏的解決方案。

那麼，在工作中面對客戶的抱怨，要想做到有效且迅速的回應，業務員應該從哪方面來做呢？

1. 及時而熱情地接待客戶

俗話說：「伸手不打笑臉人。」如果業務員能像接待朋友一樣，熱情且及時地接待客戶，安慰一下客戶的情緒，即使心裡有多大的不滿，面對業務員的笑臉，他也不好意思再抱怨了。

例如，一位旅客預訂了旅館客房，因為前面的房客剛退房，清潔人員正在房間整理清掃，無法馬上入住，而旅客拎著大包小袋從外地趕來，在走廊上大發牢騷，怨言不斷。值班經理知道後，立刻請客人到自己的辦公室休息，並給客戶泡上熱茶；然後主動和他們聊聊旅途的感受，讓客人覺得經理熱情又和氣，剛才所有的不如意也都隨之消失了。

2. 快速行動，解決客戶抱怨

客戶抱怨的目的主要是讓服務人員能用實際行動來解決問題，而非口頭上的承諾，業務要拿出實際行動來，在行動時，動作一定要快，這表示解決問題的誠意，這樣才能讓客戶感覺到被尊重，同時也可以防止客戶的負面宣傳對公司造成重大損失。

正確應對

小伍聽完之後和試衣服的客人打了個招呼，馬上走過來對謝先生說：「您能把衣服給我看一下嗎？」

謝先生：「你看吧，看完快點幫我退了，我還有急事。」

小伍：「您買的時候一定很喜歡這件衣服吧？」

謝先生：「當然是喜歡我才買的，沒想到品質竟然這麼差。」

小伍：「先生，這件衣服今年賣的特別好，好多人都想買，而且

這件衣服的庫存現在也不多了，我現在重新給您換一件，您看行嗎？」

謝先生：「那要是品質又有問題怎麼辦？」

小伍：「我也知道您時間緊，如果衣服品質再出現問題，那您就把衣服和發票放這裡，我先用自己的錢賠給您，然後再去退，不會因為辦理退貨手續耽誤您的時間。」

謝先生：「那好，你給我換一件新的吧。」

實事求是的產品介紹更顯真誠

在介紹產品的過程中，有些人為了吸引客戶的注意，會把產品的功能和優點誇大，等到客戶買回去才發現與業務員描述的不符，而這種推銷手段引來的只能是客戶的抱怨和投訴。所以，在介紹產品時，不妨實事求是，將產品的實際情況介紹給客戶，如果對方真的對產品有需求，那麼產品存在的優缺點自然也都能夠接受，也就不會因為感覺受騙而產生抱怨。

在推銷的過程中，如客戶對產品沒有興趣，很難想像業務員還能將產品推銷出去。為了能夠將產品順利推銷出去，當然可以適當給產品「潤色」或者錦上添花，但不能一味虛誇產品的功效；就算是引導客戶對產品產生興趣，也應該遵循實事求是的原則。

那麼，在推銷的過程中，又應該怎樣實事求是地介紹自己的產品，既能有效吸引客戶，又能防止客戶的抱怨呢？

1. 基於事實適當渲染

在產品介紹過程中，我們可以根據產品的原料、規格、功效等，將基本的實際情況跟客戶介紹一遍。但就這些基本狀況，不管我們如何說明，

都很難激起客戶購買的欲望。所以，我們要根據產品的優點和特色進行適當地渲染，比如從工藝、設計、顏色等方面去介紹，把產品的特點仔細地和客戶敘述，讓客戶清楚地瞭解產品的性質和特徵。

2. 多做產品展示

俗話說：「百聞不如一見。」在銷售過程中，產品展示是非常有必要的。你向客戶推薦的產品，一定要讓對方不僅僅是聽到，還要看到，甚至是實際摸到。想同時做到這幾點，就必須透過當場展示了，這樣才能「心到、手到、眼到」。不怕不識貨，就怕貨比貨，拿自己的產品與其他公司的產品做比較，可以讓客戶感覺到產品實實在在的品質，更容易接受產品。在做產品展示時我們可以透過以下幾點來實行：

★實際示範法：運用這個方法等於直接向客戶介紹產品的效用、優點及特性，有時效果反而會更好，因為它符合了客戶的心理。比如介紹會議上使用的簡報筆，一步一步的操作切換頁面，使購買者一目了然看到它好用，自然會願意購買。

★文圖展示法：當有些產品不便於直接展示時，最好使用這種方法。因為這種方法既方便又生動、形象，給人真實感。但這方法要注意展示的真實性、藝術性，還要儘量使用圖文一起展示，這樣銷售效果才會更好。

　　葉軍在網路上開了一家模特道具展示公司。最近，有一個客戶在他的網頁上瀏覽了很長的時間。想詳細詢問一下葉軍的商品情況，但是葉軍因為去採購模特的原料，所以錯過了客戶的詢問。

　　等到葉軍晚上回來，在自己的網頁上看到了詢問，先看了客戶瀏覽了什麼產品，然後不停地向客戶發出對話資訊。過了不久，客戶回覆說：「我下午在你的網頁上瀏覽了近一個小時，你現在才發消息過來，我正在和其他商家談，等有時間再說吧。」

　　葉軍回覆道：「我去採購原料了，現在才回來，看到您的訊息之後，就立即回覆您了。您肯定也想貨比三家，對產品有興趣才詢問的，如果您方便，我隨時願意為您服務。」

　　客戶：「你這模特是玻璃製品，和別人的玻璃鋼製品有什麼不一樣嗎？」

　　葉軍便詳細地解說道：「雖然它們都是玻璃兩個字，但玻璃鋼製品要比玻璃製品結實一些，價格也要比玻璃製品高出一大截，我們這裡有賣玻璃鋼製品，但是賣得不如玻璃製品好。雖然玻璃製品稍微脆弱一點，在運送過程中若不小心也容易損壞，但只要在物流運送時用的包裝箱夠結實，並在裡面填充很多的防撞保麗龍，在運貨過程中能避免損壞，另外，只要您在使用時不發生惡意撞擊，也沒有想像中的那麼容易壞。」

　　客戶聽了覺得不錯，於是又問：「模特表面的漆料容易掉嗎？」

　　葉軍：「那要看什麼情況，如果是刻意碰撞，那肯定容易掉漆，只要沒有人為損壞，都是很牢固的。」

　　客戶：「你們這產品耐摔嗎？摔一下會摔壞嗎？」

葉軍：「摔壞肯定是會的，但是也要看情況。價格不同，耐摔的程度也不一樣，我們的價格有三種，供應服裝市場的 2,600 元左右的，內銷一般品牌專賣店的 3,800 元左右的，外銷出口的 5,000 元左右，因為有品質、價格的區分，價格高的自然要比價格低的耐摔。」說完之後，他還給客戶發了一些門店模特展示照片和運輸完之後拆箱的照片。

客戶看了之後很滿意，說：「剛才我問了好多商家，他們都說摔不壞，但最後又自相矛盾。我看你做生意挺誠懇的，我就先訂一批試試。」

客戶用了一段時間之後，覺得很不錯，又介紹了不少新客戶給葉軍。

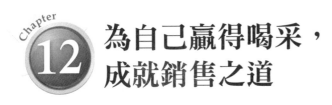

Chapter 12 為自己贏得喝采，成就銷售之道

俗話說：「好事不出門，壞事傳千里。」在工作當中，抱怨並不可怕，只要能夠得到妥善的解決。可怕的是沒處理好客戶抱怨，讓客戶形成一種負面印象，透過口耳相傳，造成負面口碑。所以，在處理客戶的抱怨時，業務員要悉心聽取客戶的意見，努力為客戶解決抱怨，切忌因小失大。

銷售狀況題

劉大嫂在自家社區門口開了間滷菜小店，專門做一些現成滷菜。由於劉大嫂原本就學過滷菜，而且還能根據顧客不同的口味現場調製，所以廣受大家歡迎。

一天，劉大嫂的兒子住院了，心情很煩悶，所以便隨隨便便做了點滷菜販賣。程丹下班後到劉大嫂店裡買了滷豬蹄，但在吃的時候，她感覺有股怪怪的味道，和往常差得太多，但又說不出是什麼味道。於是，便把豬蹄拿回劉大嫂的小店前，說：「劉大嫂，你今天這豬蹄味道怎麼怪怪的，是不是壞了？」

原來劉大嫂因為兒子生病住院了，在製作滷菜時心不在焉，把豬腸和豬蹄都放到一起煮了，結果煮出來的豬蹄有一股豬大腸的味道，但是她沒有注意到。

心裡還想著兒子的事情，加上這豬蹄每天都是買新鮮的，怎麼可能會壞？於是她對程丹說道：「小姐，我做的滷豬蹄，每天都是從市場買新鮮豬蹄做的，你要說不好吃我信，要說壞了是絕對不可能的！」

程丹一聽不由火冒三丈，說：「我經常到你這裡來買滷菜，難道我還騙你？你這豬蹄就是味道怪怪的，你自己來嚐一嚐吧！」

劉大嫂說：「我每天都買新鮮的豬蹄，不可能會壞，是不是你自己的味覺出現問題了？我現在實在是承擔不起這種損失。」

程丹把豬蹄放到劉大嫂的攤位，生氣地說：「看來我每天是白光顧你的店了，今天這豬蹄我也不換了，但我會讓其他人知道你賣的究竟是什麼樣的東西，看看以後誰還敢來買。」

劉大嫂因為自己兒子住院了，在製作滷菜的過程中就沒怎麼用心，所以當客戶抱怨味道時，她沒意識到自己的錯誤，還反過來責怪客戶，不但沒能解決客戶抱怨，最終還毀了自己的名聲。

建立一個好口碑很難，往往需要企業或業務員付出很多努力才能贏得，而毀掉好口碑卻可能只需要業務員不經意地一句話，或者企業做出的一個錯誤回應。如果你對客戶的抱怨解決不到位，客戶的抱怨就會引來負面口碑。

在處理客戶抱怨時，一定不能讓客戶因為對事情處理不滿意，而四處散播負面口碑，要避免給自己造成一些無法挽回的損失。那麼，在面對客戶的抱怨時，業務員又應該怎麼做才能避免客戶產生負面口碑呢？

1. 給客戶提供抱怨的管道

公司應該主動提供客戶一個抱怨管道，讓客戶的不滿有地方可以發

洩，把心中的抱怨說出來。並且對他們的抱怨給予足夠的重視，安排特定的人員進行妥善處理，接納他們的提議，讓他們有一種被尊重、被厚待的感覺。在處理過程當中，我們要記下抱怨中值得我們改進的建議，確保在化解客戶抱怨的同時，也能獲取讓企業得到改善和進步的意見，並及時進行改正。公司若能夠這樣處理客戶的抱怨，就一定能在源頭上防止負面口碑傳播。

2. 端正心態，正視客戶的抱怨

面對客戶的抱怨，業務員一定不能逃避或找藉口推脫責任，要及時向客戶解釋問題出現的原因，並告知公司的解決方案來取得客戶的諒解，還要調查客戶抱怨的前因後果，及時有效地與消費者溝通，減少誤會，消除抱怨的根源。以實事求是的態度來陳述事實的情況，不但能讓客戶滿意，還因此獲得認可，讓企業避免受到更大的危機，更提升企業的品牌形象。

3. 針對性地解決客戶抱怨

業務員面對客戶的抱怨時，如何去解決問題是最為關鍵的一步。業務員一定要針對客戶的抱怨儘快給出回覆，更換新的產品、維修、退貨、賠償等，隨時備好優惠憑證或贈品以補償客戶的損失。順應客戶的重點在於給他們的補償價值要大於他們的損失，透過這種方式，讓負面口碑轉向正面口碑的傳播。

　　雖然劉大嫂滿心想著兒子的事情，但為保持小店的好口碑，把小店經營下去、多賺些錢，於是對程丹笑道：「小姐，你放心，大嫂這豬蹄絕對不會是壞的，我每天都從市場上買新鮮豬蹄滷製。要說味道怪，可能是我今天做的比較急，差了點什麼，或者多加了點什麼。」

　　程丹：「我也不知道，反正就是怪怪的，要不你自己嚐嚐看？」

　　劉大嫂嚐了一小塊，好像忽然想起了什麼，說：「哎呀，今天我做的時候把豬大腸和豬蹄混在一起煮了，可能是豬大腸的味道？」

　　程丹：「應該就是那種味道。大嫂，那你這裡有沒和豬大腸混在一起煮的豬蹄嗎？」

　　劉大嫂充滿歉意地回答道：「沒有，小姐！實在不好意思，要不然你還是把豬蹄拿回家吃，明天我重新給你補一份，你看行嗎？」

　　程丹：「不用了，沒有就算了吧！」

　　劉大嫂怕影響不好，又叫住程丹說：「你看這樣子行不行，我幫你把豬蹄再用調味料重新拌一遍，你看你喜歡什麼口味，我按照你的口味摻料，說不定就可以減少豬大腸的味道了。」

　　程丹覺得還不錯，就接受了劉大嫂的建議。

　　銷售的過程當中，只要產品本身不存在品質問題，而是因為一些其他的客觀因素，影響到產品而存在的一些原因，業務員不必擔心客戶會因此拒絕購買產品。因為有些因素是不可避免的，應該主動告訴客戶這其中的瑕疵，並告知如何做好防範。這樣，他不僅不會拒絕，相信還會被你真誠的服務所感動。

修煉親和力

　　無論與初次結識的客戶，還是熟識的客戶，或是在工作外的朋友，親和力都是你獲得與他人接近最重要的關鍵，別人是否與你親近，取決於你自己。是否具有親和力是一位優秀業務員最重要的考量指標。

　　在一個社會環境中生活，每個人都要參與交際，但其交際的方式和品質卻各有不同：有的人左右逢源，靈活應變，人緣廣結；有的人卻捉襟見肘、處處受限，把人際關係搞得劍拔弩張。

　　那業務員又該如何修煉自己的親和力呢？可以從下面幾點加強：

1. 學會尊重別人，尊重每一個抱怨

　　每一個人都想受到別人的尊重，所以有過失時要學會自我反省，承認並認識自己的錯誤。得饒人處且饒人，不要得理不饒人，更不要無理鬧三分，否則會產生更大的誤會。同樣地，不會尊重客戶的業務員，往往也得不到客戶的尊重；因此，學會一些日常的禮節禮貌是很重要的。一個講究禮貌的人，給人的第一印象就是「他有修養，很尊重我」的好感，即使在對談中有些小的過失，客戶也不會過度地苛責或計較。所以即便是客戶不停地產生抱怨，也要尊重他們所產生的抱怨。

2. 學會與客戶換位思考

　　在面對別人時不要居高臨下，要用要求別人的標準來要求自己，用同等的心態去理解別人。很多人往往採用雙重標準，嚴以律人，寬以待己，希望別人能理解自己。由於客觀的原因，常常有很多很特殊的情況發生，但其實只需要替客戶設想一下，他為什麼會這樣？情況往往就會變得不一

樣。只有自己多去理解和體諒別人，別人才可能接受你。

3. 敢於堅持原則

業務員處世要不卑不亢，不能固執和偏見。對待同一個問題，不同的人有不同的觀點、方法，在判斷其正確性的時候，一定要有主見，當意見不確定的時候，更要善於虛心聽取別人的意見。處理問題中會出現一些妥協和讓步，只要不是退讓的底線，就要「大事講原則，小事講風格」，在無關大局的問題上適當讓步是解決客戶抱怨的方法之一。

4. 不要孤芳自賞

一般說來，人們大都不滿足自己的能力、財富，卻極易欣賞自己的聰明，孤芳自賞往往是由於過分相信自己的聰明所致。其表現形式有二種：一種是恃才傲物，其表現為語言凌厲，對某方面不如己者，要麼不屑一顧，要麼惡語相向；更有甚者，以己之長，量人之短，以己之聰明，襯人之笨拙。另一種孤芳自賞，雖不著力地顯露自己，卻對別人的所作所為和喜歡愛好漠然置之，其表現是不屑談交際物件關心的話題。如此待人接物，人們便會對你避而遠之，使你雖處於人群之中，卻感孤立無援。

5. 切忌自輕自賤

自輕自賤是與孤芳自賞相反的一種心態反映。這樣的人總覺得自己這也不行，那也不好，缺乏主見，常看別人眼色行事。見了上司，就點頭哈腰；跟同事交往，總怕被別人笑話；碰著鄰里，總賠著小心；與朋友相聚，總說自己不如人。自輕自賤從心理角度看是自卑感在作怪。由於自卑，對自己便毫無信心；無信心，便表現出輕視自己。若沒有自信心，就別想擁

有好業績。

6. 防止「適應性差」

　　生活中常常可以看見這樣的人，在熟人跟前風度翩翩，侃侃而談，一見陌生人卻舉止失措，語無倫次；做主人能自如大方，做客人卻頻頻失態；在家裡、公司尚能舉止得體，在公開場合卻臉紅心跳；對合乎自己生活的習慣能欣然接受，對跟自己習慣有異的東西卻拒不接納。這種人的表現皆因適應性差造成。所以如果適應性差，可能對目前的社交圈影響不大，但要擴大交友範圍就比較困難了。

7. 要有幽默感

　　做人，態度要嚴肅，但與人相處時卻忌諱一付「不苟言笑」的表情。社交中如缺乏幽默感，便會影響交際的品質。其實，幽默有時確實可以收到一本正經難以企及的效果。

　　在影響業務員社交活動順利進行的各種因素中，「尊重別人」、「換位思考」、「堅持原則」並非一日之功，但卻是贏得別人好的第一印象的重要因素，它是一個長期修煉和累積的過程；「孤芳自賞」和「自輕自賤」則是心理問題；適應性差主要是心理因素，但更多的是對社交活動方法操作訓練不夠；缺乏幽默則是對社交活動的態度問題。從整體看來，影響業務員社交活動的因素主要是心理原因。因此，只有不斷調整自己的交際心理，不孤芳自賞，不自輕自賤，能見機行事，適應各種環境，以風趣幽默、達觀的態度參與交際，別人才會感受到你的「親和力」，才能使社交活動正常進行，展現業務力，獲取成功。

不可草率敷衍客戶的怨言

用心處理客戶的抱怨，雖然不能保證一定可以處理好，但是草率處理抱怨，就一定不能處理好。在面對客戶抱怨時，有些人認為，銷售的目的就是賣出商品，所以在客戶有怨言的時候，總是想儘快解決，對客戶也是敷衍了事，最終導致客戶的抱怨越來越嚴重。

有些人之所以能夠成功，是因為他們不管做什麼事情，都會力求自己達到最佳的境界，從不會輕率疏忽，敷衍了事，更不會因為自己的職業而改變這種工作方式。而失敗者卻恰好相反。面對客戶的抱怨也是一樣，幫客戶解決問題，這也是業務員的工作，作為一名合格的業務員，就應該嚴格要求自己處理客戶的抱怨，不能敷衍了事。在處理客戶的抱怨時，應該如何讓自己避免這種敷衍了事的做事習慣呢？

1. 專心處理每一次抱怨

在面對客戶的抱怨時，要集中精神，全心投入解決客戶抱怨，不含糊其辭，也不要只是為了完成任務而去敷衍客戶，盡力做好分內應做的事情，承擔自己的責任，完成自己的使命，做好手裡的工作。力求每一次面對抱怨，都能盡最大的努力做到最好，替自己爭取能讓客戶百分百滿意的處理結果。

2. 提升自己的工作意願

在處理客戶的抱怨時，不在於你能否處理的好，而是取決於你願不願意，想處理好的意願強不強烈。在碰到客戶抱怨的時候，要想辦法提升工作意願，讓自己更積極。

3. 提高危機意識

如果業務員能意識到：若不能好好處理客戶抱怨，將可能帶來不可估量的後果，而後果必須自己來承擔。這樣就會形成危機意識，有了危機意識，心中才會有緊迫感，在意識的驅使下，便會自覺完成手裡的工作。

4. 提高競爭意識

目前的社會競爭慘烈，如果能意識到，不能好好完成工作，就很可能會被別人超越，甚至被淘汰。這樣，業務員在處理客戶的抱怨時，才會有活力和動力，才會努力達到客戶的要求。

俗話說：「機會留給有準備的人。」要想能夠獲得機會，你就得先做好準備，然後再用心去尋找機會。

要想一直保持熱忱的態度和高漲的情緒，就要從客戶的抱怨中尋找機會，讓自己既能夠處理好客戶的抱怨，又能從中獲取有利於自己的發展機會。那麼該如何找到自己的機會呢？

1. 在抱怨中發現客戶需求點

如果客戶心存抱怨，原因可能是對業務員的服務不滿意，或是覺得產品不夠好。如果客戶是對自己的服務不滿意，那麼你可以在服務上改進，做得更好；如果客戶是覺得產品不夠好，就直接將更好的產品推薦給客戶。這樣，既能消除客戶的抱怨，還能順利賣出客戶需要的產品。

2. 用好的服務讓顧客再次光顧

當客戶抱怨的時候，為了彌補客戶心中不滿的情緒，你需要透過更好、更用心的服務使客戶滿意，讓客戶覺得在這裡消費是一種享受，即使產品可能會有些缺陷，但是良好的售後服務足以彌補這種缺陷。

這樣，當你經過努力把抱怨徹底解決，讓產品或服務的品質提升之後，將原本客戶的抱怨轉變為滿意的答謝，那麼，當客戶未來還有需要，再次成交也就不是難題了。

守時守信，說到做到

誠實守信是業務員的立足之本。只要別人還信任我們，在其他方面的缺失就還能有補償的機會，若失去了別人對你的信任，一切將無從談起。業務員在面對客戶的抱怨時，如果對客戶許下了承諾，不管千難萬險，也要想辦法在承諾的時間內完成，說到做到，絕不失信於客戶。

銷售狀況題

何褘在一家餐飲店做電話訂餐人員，每天負責接聽要求外送的訂餐電話，然後安排人員配送。

這天中午，店內的訂餐電話不斷滿線，何褘感覺有點忙不過來了。這時，一位姓蔣的先生打電話來，一次訂了十份套餐，且每一份套餐裡的飲料都不一樣，漢堡餡料也有各種不同的搭配，並要求配送的時候要做好標記，以便於區分。

何褘看到這份訂單頭都大了，還有其他訂單等著他去處理，於是

何煒草草記完後就直接交給別人了，也沒和配餐人員講清楚，結果不小心把套餐配錯了很多。

過不了多久，蔣先生就打電話過來抱怨道：「你們這家店是怎麼回事啊，有些飲料不是說不加冰嗎？這也就算了，漢堡也配錯了，都放了辣椒，你們這是怎麼回事？」

何煒接到客戶的抱怨電話之後便說：「蔣先生，剛才我把您的訂單詳情都寫好交給配餐人員的，應該不會出差錯吧？」

蔣先生回道：「你怎麼做的我不知道，我只知道你們把我的配餐送錯了。」

何煒正忙的不可開交，本來一直盡心盡力把事情做好，現在反過來還被客戶誤解了，說：「我的確是寫進去了，訂單還在這裡呢，你確定是我們弄錯了嗎？」

蔣先生便說：「到底是你沒寫還是別人配餐有問題，那都是你們餐廳的問題。現在問題出來了，你說這怎麼解決吧。」

何煒便說：「我去請示一下經理，稍後給你回覆。」何煒剛掛完電話，其他訂單又不斷打進來，於是又忙著去處理別的訂單，把蔣先生的事給忘了。

過了一會兒，蔣先生打電話過來催促道：「問清楚了嗎？我這邊還等著呢。」

何煒沒時間和他扯那麼多，便隨口說：「嗯，您稍等，大概過半小時就會有人送過來和您換。」

蔣先生等了近一個小時，而何煒這邊卻還沒開始派人去送。蔣先生實在是忍受不了他們這種服務態度了，於是提著餐點到他們餐廳，直接找到店經理，要求他們道歉並立即解決。

其實蔣先生只想把配錯的套餐換一下，並沒有想找麻煩，但何禕卻不把客戶的抱怨當一回事，答應客戶進行更換也只是隨口說說，也沒有去處理，逼得客戶只好提著東西去店裡尋求解決。

老子說：「夫不信者，有不信焉。」如果別人不相信你，是因為你說話不講信用；有的人往往在一些不經意的小事上，隨口許下一個承諾，以為不是什麼重要的事情，便不放在心上。可是，如果每次都在小事上失信，就會在別人那裡留下一個不講信用的印象，成為一個不值得信賴的人。

尤其是在面對客戶的抱怨時，不能恪守信用、說到做到，不但壞了自己的名聲，也會連累公司跟著一起名譽掃地。所以，面對客戶的抱怨，只要答應了客戶的要求，就一定要說到做到；這樣，才能有效解決客戶的抱怨。

如果何禕面對客戶抱怨時能認真對待，按時將客戶要換的漢堡和飲料送過去，問題也就能順利解決了，不至於失信於客戶。若要想解決客戶的抱怨，做到守時守信，業務員應該從哪些方面做起呢？

1. 承諾不分大小都要做到

承諾不論大小，只有遵守了，你才算是一個講信用的人；如果你違背了，不管事情多麼渺小，都是失信於人。

美國的二戰英雄巴頓將軍（George Smith Patton, Jr.）就是一個極其講信用的人。在一次盟軍會議上，菸癮很大的他抽光了自己的菸，便向身邊一位英國軍官詢問是否有菸，英國軍官大方地將自己的菸放在桌上，隨便他抽。會後，巴頓對英國軍官說：「謝謝你的菸，味道真是好極了，以後有機會，我再送你一些雪茄。」英國軍官以為他說客氣話，並未放在心

上。過了幾年，英國軍官收到一箱從美國寄來的上好的雪茄菸，這正是巴頓將軍寄來的。

巴頓這樣的大人物，能把一個小小的承諾看得如此重要，你就更應該努力去達到這種境界。尤其是面對客戶的抱怨時更應該如此，一旦向客戶承諾了，事情不再分大小，你都要盡力去兌現它。

2. 再困難也要兌現諾言

面對客戶的抱怨，如果我們只能在一切順利的情況下遵守諾言，而一旦遇到意外情況就突然變卦，那也不是真正的守信。要想做到守時守信，就要解決客戶的抱怨，即使受損失也要將它完成。

達美樂（DOMINO'S PIZZA）是一家知名的大公司，它對客戶有一個承諾：「在三十分鐘之內將客戶訂購的貨物送到任何指定地點。」一次，該公司的一輛運送幾百公斤生麵團的貨車在半路上出現了故障，無法及時將貨物送到目的地，司機只得電話通知管理層。公司總裁弗爾塞克得知這一情況後，馬上決定租一架飛機運送這幾百公斤生麵團，只為兌現了「三十分鐘之內」的承諾。

所以，要想客戶的抱怨聲平息下來，就要拿出多達美樂公司這樣的服務精神，只要你答應了客戶，就得滿足他們的需求，就算萬般險阻，你也要兌現自己的諾言。

正確應對

何禕聽說客戶的套餐都配錯了，忙說：「實在不好意思，蔣先生，可能是剛才我寫得不夠清楚，配餐人員沒看懂，所以在配餐的時候出了點差錯……」

蔣先生便說：「不是出了一點差錯，而是錯得一塌糊塗。你們到底怎麼回事？」

何禕便說：「如果是這樣，蔣先生我先代表餐廳向您道歉。那您看給您送過去的套餐還有一些能符合您要求的嗎？」

蔣先生說：「哪還有一些是可以的，是還有很多不符合啊。」

何禕微笑道：「蔣先生，要不這樣您看行嗎？符合的套餐您先留下，那些配錯的，您把它們放在一邊，然後告訴我哪些配錯了，我叫人重新給您更換。行嗎？」

蔣先生回道：「好，不過你們得快點送來，大家都等著用餐呢，你們大概需要多長時間才能送過來？」

何禕想了下，覺得二十五分鐘能送到，但為了避免意外，便說：「三十分鐘準時給您送到，您看可以嗎？」

蔣先生覺得還算合理時間，便答應了。何禕這次親自到配餐的廚房，看著工作人員把餐配好才放心，然後又叮囑外送人員一定要準時送達。最後，外送人員確實將重新配好的套餐準時送到蔣先生的手中，蔣先生還特地給何禕打了個致謝電話。

提前瞭解客戶真正的需求 ✧

在銷售過程中，業務員最主要的目的是滿足客戶的需求，如果在不瞭解客戶需求的情況下就貿然向客戶介紹，不僅會顯得業務員的專業度不夠，甚至還會把客戶嚇跑，銷售成功的機率自然就比較小。就算有時候客戶買了，當客戶發現他買的產品並不能實際滿足需求之後，仍然會抱怨，而且抱怨的會更厲害。所以，在給客戶介紹產品時，你一定要先瞭解客戶的真正需求，這樣，才能有針對性地去滿足客戶需求，減少客戶抱怨。說明並分析客戶的問題，進而解決問題，獲得客戶的信任。這樣才能確定銷售中工作的方向、重點與策略，否則就會事倍功半，甚至南轅北轍、脫離實際。

而在實際的銷售過程當中，業務員應該從哪些方面來瞭解客戶的真正需求呢？

1. 透過觀察來瞭解客戶的需求

要想瞭解客戶的真實需要，在客戶進來但還未與我們溝通的那段時間，你可以透過觀察客戶的一些行為來瞭解他的需要、欲望、觀點和想法。在觀察的過程中，可以著重觀察以下幾點：

★ 觀察顧客的眼神和走向

顧客直接向某個品牌或某產品走去，並且眼神一直注視著某些東西，證明他心裡已經有了目標。

★ 觀察顧客手裡的東西

比如顧客在來到商場時手裡拿著比較喜氣的東西，這樣的顧客可能是選購結婚或節日用的商品，所以我們應該向其介紹相對應的商品來滿足顧

客的需求。

⭐ 觀察臉部表情

當我們開始向顧客介紹產品時，觀察臉部表情可以看出顧客是不是對介紹的商品感興趣，是不是贊同我們的觀點。

2. 利用提問來瞭解客戶的需求

要瞭解客戶的需求，提問是最直接、有效的方式。透過提問可以準確而有效地瞭解到客戶的真正需求，為客戶提供服務。雖然業務員應主動地詢問客戶的需求，但也不宜提問過多問題，問題太多會讓客戶有一種被審問的感覺，反而容易引起成客戶的反感，認為業務員是來打探隱私的。所以，在提問的時候要根據實際情況適當地提問。例如：「您希望產品最少具備哪幾項功能？」、「您想購買什麼價位的產品？」

3. 認真傾聽瞭解客戶的需求

傾聽是瞭解他人的最佳方式，既不會引起客戶的反感，還會讓客戶覺得很舒服、自然。業務員應根據觀察到的線索和客戶的言語仔細思考、分析，來瞭解其真正購買需求。在與客戶進行溝通時，必須集中精力，認真傾聽客戶的回答，站在客戶的角度盡力去理解對方所說的內容，瞭解對方在想些什麼，對方的需要是什麼，要盡可能多地瞭解對方的情況，聽出客戶想要表達的重點內容，從而瞭解客戶真正的需求，更好地為客戶服務，讓客戶滿意。

劉奶奶的孫子嘟嘟放暑假了，平常喜歡吃燒烤，於是他嚷著要奶奶給他買個烤箱，烤一些雞、鴨、魚、肉、漢堡等。劉奶奶拗不過嘟嘟，便答應了他的要求。

這天，劉奶奶帶著嘟嘟來到家電商場，進去之後她四處張望了一下。店員吳劍走過來問道：「這位奶奶你想買什麼？」

嘟嘟在旁邊大聲說：「我奶奶要買一個能烤東西的，最好是各種好吃的都能烤，你們這裡有賣的嗎？」

吳劍：「小朋友，你想用來烤什麼呀？」

嘟嘟：「最好什麼都能烤，這樣我就什麼都能吃上了。」

吳劍：「好的。」然後又問劉奶奶：「這位奶奶，你主要準備烤哪一類？比如是半成品還是生肉一類的。」

劉奶奶：「我孫子喜歡吃烤肉，半成品是什麼？」

吳劍笑著解釋道：「我的意思是你要烤的東西，是買回去就已經熟的，稍微加熱就能吃，還是你自己在家裡就烤生雞、生肉一類的？」

劉奶奶：「噢，這樣啊。我們要那種完全靠自己在家動手操作的烤箱。」

吳劍便向劉奶奶介紹了一款家用烤箱，說：「這種可以自己在家裡做烤雞、烤鴨、烤肉，而且上面都有時間刻度，你要烤什麼就調到那一刻度就行了。比較方便，並且安全指數高，尤其是老人和孩子用，我覺得安全是最重要的。」

劉奶奶點點頭，說：「還不錯，你確定都能烤嗎？」

吳劍：「一般的燒烤都是沒有問題的，最多一次能烤熟兩隻雞，這對

你們的需求沒問題吧？」

　　劉奶奶笑道：「嗯！夠了，夠了，就買它吧。」

制訂客戶抱怨處理表

　　在這個大資料時代，每一種資料的收集，都有助於我們透過分析以往的資料，然後瞭解未來的發展趨勢，而在處理客戶抱怨的過程中，這種方法也同樣適用。

　　在業務員面對客戶各種各樣的抱怨時，如果每一次的抱怨你都必須鑒定後再去尋找新方法，且每一次都只能在摸索中處理完客戶的抱怨，這樣會大量耽誤自己的時間。

　　所以，不妨把處理客戶抱怨的方法，製作成一張表格，在處理客戶抱怨時，把每一種抱怨處理方法和過程都記錄在上面，方便自己下一次遇到同樣的抱怨情況時，可以有效率地運用同樣的方法去解決，這樣就能節省很多時間，從而提高工作績效。

　　那麼，在工作中，要想利用這種表格幫自己更好地處理客戶抱怨，業務員又應該從哪幾個方面去製作這種表格呢？

1. 客戶抱怨的內容

　　瞭解客戶抱怨是因為對產品不滿，還是對服務態度不滿意。如果是對產品不滿，是產品存在的品質問題？還是產品在使用過程中存在的一些不便？如果是對服務不滿意，是工作人員的態度惡劣？還是服務的過程中一些流程做的不到位？瞭解客戶的抱怨內容後，透過把抱怨內容進行分類，

把那些客戶抱怨最多的原因，進行著重處理並且加以改正，避免下次再發生，從而減少客戶的抱怨。

2. 客戶抱怨的次數

透過對客戶抱怨次數的瞭解，你可以知道客戶是新發展的客戶還是老客戶。對於新客戶，業務員儘量去解決他們的抱怨並滿足他們的要求。對於老客戶，就算這一次讓自己虧損，也要處理的讓他們滿意，因為這些老客戶是我們堅實的基礎，無論如何，也不能抽掉自己的根基。

3. 客戶抱怨核實情況

根據客戶的抱怨內容及手段，辨別客戶抱怨的真假。然後根據抱怨的真假，判斷客戶的抱怨是否在我們的處理範圍之內，再決定我們該用哪種方法去處理客戶的抱怨。

4. 抱怨處理方法

面對各種不同的抱怨，每個人都會有不同的方法去解決。在面對客戶抱怨時，如果你曾經遇到類似的抱怨場景，就可以借鏡以往的處理方法來解決。既能節省自己的工作精力和時間，還能讓客戶的抱怨得到快速解決，提升自己以及公司在客戶心目中的形象。

5. 客戶對抱怨處理的滿意程度

客戶的滿意度是檢驗業務員處理抱怨能力的唯一標準。在經過所有的努力處理完客戶抱怨時，成功與否主要取決於客戶是否滿意。只要客戶滿意，再簡單的方法也是好的，如果客戶不滿意，就算我們耗費了整個公司

的財力和物力，那也只是白白浪費資源。所以，對於那些可以讓客戶滿意
的處理方法，我們要及時記錄下來，對於那些費時費力不討好的處理方
法，要避免再用。

6. 客戶對抱怨處理的意見回饋

在處理完客戶的抱怨之後，如果能夠得到客戶的意見回饋，對業務員
來說，相當於在漫長的黑夜裡點亮了一盞指明方向的燈。客戶的意見回
饋，往往能夠明確告訴業務員在處理抱怨過程中，存在的一些不足和需要
改進的地方。

7. 抱怨處理結果

在處理完客戶抱怨之後，不管有沒有成功解決客戶的抱怨，都要把處
理的結果記錄下來。以便在以後的抱怨處理過程中，能夠挑選那些優秀的
處理方法加以借鏡利用，將一些處理不好的抱怨方法進行改正，爭取不犯
同樣的錯誤。

在瞭解表格的制訂方法之後，你要按照自己工作要求的不同情況，根
據實際要求去制訂具體的表格，然後將以上幾項內容填入制訂的表格當
中，以發揮實際作用。

把客戶當成朋友，時常聯繫

作為業務員，我們應該知道，如果能在成交之後繼續與客戶保持良好的聯繫，不但可以及時解決客戶抱怨，且如果客戶產生了新的需求之後，也能及時掌握具體的資訊，從而與客戶達成再次成交的機會。所以，對於客戶，即使在成交後，無論從客戶的主觀感受來理解，還是從自身的實際利益出發，都應該隨時與客戶保持適當的聯繫，不但能增進與客戶之間的情感，還能有效控制客戶的抱怨；這也是諸多優秀業務員擁有大量忠誠客戶的法寶。

如果不能為客戶解決疑問，那也應該主動聯繫專業的客服人員，說明客戶狀況並解決問題，或者及時和客戶溝通清楚，為客戶消除疑慮，以免問題被不斷擴大。所以，在對待自己的客戶時，不管是在成交之前還是成交之後，只有不斷和客戶保持聯繫，積極主動為客戶排憂解難，才能虜獲客戶的心。

1. 平日裡給客戶適當的問候

業務員可以在節假日時期給客戶適當的問候。這樣會讓客戶產生這樣的感覺：你不僅僅是為了銷售額的增長才與我進行聯繫的，更是為了與我交朋友，是真正地關心和愛護我。

同時，為了維持和加強你與客戶之間的友好聯繫，在與客戶聯繫的過程中還需要格外注意自己的態度和方式。在態度上，除了要做到最基本的積極、熱情、禮貌之外，還要保持足夠的自信，這可以使客戶對你更加尊重。

另外，業務員還需要做到與客戶誠懇相待，任何時候都不要欺騙客

戶，否則，一旦被對方識破，今後再想獲得信任就會難上加難。而在方法上，要盡可能採用和緩的語氣，儘量避免與客戶在一些無謂的問題上爭執，以免傷和氣，業務員也可以充分利用自己的幽默和善談拉近與客戶之間的關係。

2. 主動創造與客戶的聯繫機會

在銷售過程中，尤其是在成交結束後，除非遇到需要解決的問題，大多數時候，客戶可能都不會主動與你聯繫。但是，作為業務員，應該主動創造與客戶之間的聯繫機會，要做到不讓客戶感到厭煩，又要努力拉近你與客戶之間的心理距離。若想做到這幾點，業務員需要定期地向客戶進行詢問，以便及時且有效地瞭解客戶在哪些方面需要幫助，或者主動詢問客戶需要哪些服務，從而儘早為客戶提供更滿意的服務。

例如：「請問您最近對產品感覺還滿意嗎？如果遇到什麼問題您隨時都可以與我聯繫，我也會經常對您進行拜訪。」、「產品到貨有一個月了吧？您還習慣這種新產品嗎？最近有一些不法分子假冒我們公司的售後服務人員，借助上門維修之名騙取錢財，您需要特別注意，在產品保修期之內，我們是不會向您收取任何費用的。」這些都可以作為題材和客戶進行交流。

收藏大師風采，不用花大錢！

　　EDBA 擎天商學院係由世界華人八大明師王擎天博士開設的一系列淘金財富課程，揭開如何成為鉅富的秘密，只限「王道增智會」會員能報名學習。內容豐富精彩且實用因而深受學員歡迎，為嘉惠其他未能有幸上到課的讀者朋友們，創見出版社除了推出了實體書，亦同步發行了實際課程實況 Live 影音有聲書，是王博士在王道增智會講授「借力與整合的秘密」課程的實況 Live 原音收錄，您不需繳納 $19800 學費，花費不到千元就能輕鬆學習到王博士的秘密系列課程！

高 CP 值的 2DVD+1CD 視頻有聲書！

★內含 CD 與 DVDs 與九項贈品！總價值超過 20 萬！
超值驚喜價：$990 元

EDBA 擎天商學院全套系列包括：
書、電子書、影音 DVD、CD、課程，歡迎參與──

- 成交的秘密（已出版）
- 創業的秘密
- 借力與整合的秘密（已出版）
- 眾籌的秘密
- 催眠式銷售
- 網銷的秘密
- 價值與創價的秘密
- B 的秘密
- N 的秘密
- T 的秘密
- 公眾演說的秘密（已出版）
- 出書的秘密
- 成功三翼
- 幸福人生終極之秘
- ……陸續出版中

實體書與課程實況 Live 影音資訊型產品同步發行！

《成交的秘密》
王擎天 / 著　$350 元

《借力與整合的秘密》
王擎天 / 著　$350 元

《公眾演說的秘密》
王擎天 / 著　$350 元

擎天商學院系列叢書及影音有聲書，於全省各大連鎖書店均有販售，歡迎指名購買！
網路訂購或「EDBA 擎天商學院」課程詳情，請上新絲路官網 www.silkbook.com

★借力使力最佳導師★

　　王擎天博士為兩岸知名的教育培訓大師，其所開辦的課程都是叫好又叫座！他既能坐而思、坐而言也會起而行，有本事將自己的 Know how、Know what 與 Know why 整合成一套大部分的人可以聽得懂並具實務上可操作性極強的創富系統，是您最佳的教練與生命中的貴人！

　　王博士在大陸所舉辦的課程更是一位難求，轟動培訓界！能有這樣大的熱烈反應與回響，歸因於大陸學員相比台灣學員學習態度好、求知欲旺盛，即使是農村小城市不乏求知若渴的準知識份子，怕自己所學不足，渴望學習，其拚搏精神不容小覷，導致其大陸課程班班爆滿、場場轟動！大陸培訓界的名師都有收弟子的慣例，束脩動輒幾十萬人民幣甚至百萬以上，仍有不少人趨之若鶩。早些年每每王博士上完課總有一些大陸學員要求王博士收其為弟子，但他總是婉拒。一來是因為王博士並沒有常駐中國，二來是他身為台灣人，覺得若要收弟子也應以台灣人為優先。

2017 年美國進入川普時代，
種種跡象也顯示了 2017 是中國超越台灣的一年

- ✅ 中國白領平均月薪突破 22K 超越台灣基本工資
- ✅ 第三方支付・行動支付的機制全面普及，中國超越了台灣
- ✅ 大陸高新技術產業及 IC 設計產值即將於本年超越台灣

　　令王博士萌生了想收弟子的念頭，他想盡棉薄之力，將其畢生所學、智慧及經驗傾囊相授，用一己之力振興台灣，不以營利為目的只為傳承！

你是否想接受明師一對一的客製化指導？
是否想借力致富，想認識商界大老們，打進富人圈？

那麼您一定不能錯過值得您一生跟隨的好導師——王擎天博士！

成為培訓大師王擎天的
嫡傳弟子，就是現在！！

好的導師價值連城，可以幫助你和你的事業騰飛，站在巨人的肩膀上登高望遠，踏著成功者的腳步走，用最短的時間學習頂尖高手的成功經驗，在自己的事業舞台上發光發熱！

為自己找一個好導師，您就已經成功一半！王擎天被譽為台灣最有學問的學者型企業家＆台版「邏輯思維」大師，是您事業大爆發的最佳助力！

在今年 2017 八大明師大會期間（6/24、6/25、7/8、7/9）現場加入王道增智會成為會員者，即可免費成為王擎天大師的終身嫡傳弟子，限收12 名，弟子們可隨時向王博士請益、求教，接受大師面對面的指導，手把手的全真傳授！醍醐灌頂的啟發、精準的建議和巧妙的引導，讓您的事業一帆風順，並還可能接掌王擎天大師的事業，成為他的接班人。

2017 世界華人八大明師
創業培訓高峰會

6/24、6/25、7/8、7/9
現場加入王道增智會會員者，
免費成為王擎天大師的終身嫡傳弟子！
機會難得！名額有限，敬請把握！

報名請洽 ▶ 新絲路網路書店 www.silkbook.com

窮人自食其力，富人借力使力，
透過團隊借力快又有效率！

小成功靠個人，大成功靠團隊！
當前資訊時代，單打獨鬥的成功模式不易，必須仰賴團隊，
互助合作，透過滾動的人脈與資源，讓您借力使力不費力！
借力使力等於加速度，借用越多的力量，成功得越輕鬆、越快。

★★★ 借力使力最佳團隊 ★★★

王道增智會

　　若想創業致富，開啟新的成功人生，只要在 2017 年成為**「王道增智會」**的會員，即可成為王擎天大師的弟子，王擎天博士成為您一輩子的導師後，不僅毫無保留的傳授他成功的祕訣，他所有的資源您也可以盡情享用！博士基於其研究熱情與知識分子的使命感，勇於自我挑戰並自我突破，開辦各類公開招生的教育與培訓課程，提升學員的競爭力與各項核心能力，每年都研發新課程，且所有開出的課程都是既叫好又叫座！王博士在兩岸共計 19 個事業體，其接班人也將由弟子中遴選，機會可謂空前絕後 !!!

　　「王道增智會」的另一重要功能便是有效擴展你的人脈！透過台灣及大陸各省市「實友圈（王道下屬機構）」，您可結識各領域的白領菁英與大陸各級政府與企業之領導，大家互助合作，可快速提昇企業規模與您創業及個人的業務半徑。

　　除了熱愛學習者紛紛加入「王道增智會」之外，想開班授課或想出版書籍者也一定要加入王道增智會！王道增智會所屬「培訓講師聯盟」與「培訓平台」以提昇個人核心能力與創富人生、心理勵志等範疇，持續開辦各類教育學習課程，極歡迎各界優秀或有潛質的講師們加入。此外，王擎天博士下轄數十家出版社與全球最大的華文自資出版平台，若您想寫書、出書，加入王道增智會，王博士即成為您的教練，協助您將王博士擁有的寶貴資源轉為您所用，與貴人共創 Win Win 雙贏模式！

> ## 優良平台・群英集會，
> ## 資源共享，共創人生高峰！

「王道增智會」會員的第一項福利就是王博士將其往後終身所有的課程一次性地以

「終身年費、終身上課完全免費」

的方式送給您了！
您還在等什麼呢？

報名專線：
02-8245-8318

253

學習領航家——  新絲路視頻
一饗知識盛宴，偷學大師真本事

　　兩千年前，漢代中國到西方的交通大道——絲路，加速了東西方文化與經貿的交流；兩千年後，新絲路視頻 提供全球華人跨時間、跨地域的知識服務平台，讓想上進、想擴充新知的你在短短的 50 分鐘時間看到最優質、充滿知性與理性的內容（知識膠囊）。

　　活在資訊爆炸的 21 世紀，你要如何分辨看到的是資訊還是垃圾謠言？
　成功者又是如何在有限的時間內從龐雜的資訊中獲取最有用的知識？

　　想要做個聰明的閱聽人，你必需懂得善用新媒體，不斷地學習。 新絲路視頻 提供閱聽者一個更有效的吸收知識方式，快速習得大師的智慧精華，讓你殺時間時也可以很知性。

師法大師的思維，長智慧、不費力！

新絲路視頻 節目 1 ～重磅邀請台灣最有學識的出版之神——王擎天博士主講，有料會寫又能說的王博士憑著紮實學識，被朋友喻為台版「羅輯思維」，他不僅是天資聰穎的開創者，同時也是勤學不倦，孜孜矻矻的實踐者，再忙碌，每天必定撥出時間來學習進修，可說是真正的飽讀詩書，學富五車，家中藏書高達二十五萬冊，並在歷史、教育、科學、商管、成功學等範疇都有鉅著問世。在新絲路視頻中，王博士將為您深入淺出地探討古今中外歷史、社會及財經商業等議題，內容包羅萬象，且有別於傳統主流的思考觀點，從多種角度有系統地解讀每個議題，不只長智識，更讓你的知識升級，不再人云亦云。

　　每一期的 新絲路視頻 1 ～王擎天主講節目於每個月的第一個星期五在 YouTube 及台灣的視頻網站、台灣各大部落格跟大陸的土豆與騰訊視頻網站、網路電台、王擎天 fb、王道增智會 fb 同時同步發布。